U0150719

知识进化
图解系列

太喜欢化学了

［日］大宫信光 编

李菁菁 译

天津出版传媒集团

天津科学技术出版社

著作权合同登记号：图字02-2019-322号

NEMURENAKUNARUHODO OMOSHIROI ZUKAI KAGAKU NO HANASHI
supervised by Nobumitsu Omiya
Copyright © 2015 NIHONBUNGEISHA
Simplified Chinese translation copyright © 2020
by Beijing Fonghong Books Co., Ltd
All rights reserved.

图书在版编目（CIP）数据

知识进化图解系列. 太喜欢化学了 /(日) 大宫信光
编；李菁菁译. -- 天津：天津科学技术出版社，
2020.7

ISBN 978-7-5576-7191-4

Ⅰ.①知… Ⅱ.①大… ②李… Ⅲ.①自然科学—青
少年读物②化学—青少年读物 Ⅳ.①N49②O6-49

中国版本图书馆CIP数据核字(2019)第241857号

知识进化图解系列. 太喜欢化学了

ZHISHI JINHUA TUJIE XILIE. TAI XIHUAN HUAXUE LE

责任编辑：刘丽燕

责任印制：兰　毅

出　　　版：天津出版传媒集团
　　　　　　天津科学技术出版社

地　　　址：天津市西康路35号

邮　　　编：300051

电　　　话：（022）23332490

网　　　址：www.tjkjcbs.com.cn

发　　　行：新华书店经销

印　　　刷：山东岩琦印刷科技有限公司

开本 880×1230　1/32　印张 4.25　字数 96 000
2020年7月第1版第1次印刷

定价：39.80元

序 从物质到化学物质

在日常生活中，每个人都会时不时地忽然冒出一些疑问，想知道"这是为什么"。比如，"海水为什么会是咸的""电视机是怎么成像的"等。在本书中，我将会把这些日常生活中人们经常遇到的疑问简单地罗列出来，并运用化学的知识来帮助大家解决它们。

或许有的读者对此并不认同，会觉得这些疑问很简单，人们并不会想要去追究它们的根本性原因或者哲学性关联。不过，我想也许有很多人在日常生活中意识到了这些问题，只是对此置之不理又或者说制止了自己的这种想法而已。

我们尤其希望这些读者能够摆脱日常的生活琐事，从容地、悠然自得地来阅读本书。说不定还能让自己从忙碌的生活中休息片刻呢。

同时，这本书还可以为我们的生活增添许多的乐趣。比如，知道了海水为什么是咸的，在海里潜水也会变得更有意思吧？再比如，了解了电视机是如何成像的，也会让看电视这件事情变得更好玩儿吧？

但是，大家知道物质和化学物质有什么不同吗？"所谓的物质是指肉眼可见的东西，是从宏观的角度来看待的；而化学物质则是微观层面的东西，侧重于探索它的结构、分析各类成分的作用。"（引自岩波书店《化学物质小事典》）

在这里我们简单举个例子。水这种物质在分解之后会变成氢气和氧气，而它自分解的那一刻起就变成了化学物质。所谓的化学，更精确地讲，应该是研究化学物质和化学物质变化的科学。这个在此暂且不论。化学并不是我们肉眼可见的，而是存在于肉眼不可见的微观世界里。因此，对于我们提出的一些肉眼可见的简单疑问，化学似乎是可以帮助我们解答这些疑问的有力武器。

但是，这个武器也会涉及一些深奥难懂的问题。因为我们是从人类肉眼可见的、易懂的世界潜入到肉眼不可见、人类难以掌握的世界里，半自主式地步入了艰难地带。

如何克服并驾驭这个问题就全看作者的本领了。本书的基本概念是"用化学的知识解开生活中的谜团"，因而为了让各位读者阅读起来不觉得枯燥，我们也下了很多的功夫。希望本书能够得到读者朋友们的喜爱与支持，大家能愉快地阅读完它。

目　录

饮食
与
化学

美味、营养的
不可思议之处!

PART 5

生物与化学 | **走进奇迹般的生命**

PART 6

地球、宇宙与化学　**了解得越多越觉得有趣！**

人体内都在
发生着什么呢？

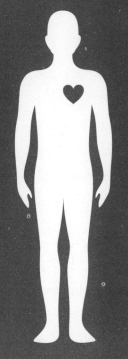

昨天没喝多，
为什么也会宿醉？

我们通常说的酒精是指含有由氢原子和氧原子结合而成的羟基的化合物，乙醇。我们平时从酒中摄取的酒精在体内通过酶分解，使得一部分氢原子脱去，产生毒性较强的乙醛。

这正是人们宿醉的原因。乙醛被视为能够引起人呕吐、头疼等不良身体反应的有害物质，其有害性比酒精大数倍。但是，通常来讲，乙醛会在肝脏里借助乙醛脱氢酶而氧化，变成乙酸。乙酸可以被分解为无害的二氧化碳和水，所以无须担心。

然而，人体过多摄入酒精的话，会造成所需的乙醛脱氢酶不足，导致乙醛未被分解，残留在体内而引发宿醉。

喝酒过度导致喝醉、宿醉的事情在全世界都一样，只是程度上各有不同罢了。因人种不同，各自体内乙醛脱氢酶的作用呈现强弱差异。

1983 年，筑波大学的原田胜二副教授（时任）的调查结果显示，欧洲人体内的 2 型乙醛脱氢酶作用较强，而亚洲人，尤其是日本人则相对较弱。也就是说，日本人体内能够分解乙醛的酶较少，不善饮酒。

像这样因人种不同而体质不同，或许是因为不善饮酒的欧洲人都被淘汰掉了吧。而日本人身处的环境则比较幸运，不善饮酒也能生存下来。

只是，引起宿醉的还有他因。比如：酒精本身破坏了体内系统的平衡，或是缘于决定酒的风味和特色的添加剂[1]。

胃痛和呕吐的原因是：酒精刺激胃壁引起胃酸分泌增加，引发轻度胃炎。

● **酒精的氧化**

乙醇
C_2H_5OH

⬇ 氧化

乙醛
CH_3CHO

⬇ 氧化

乙酸
CH_3COOH

CO_2　　H_2O

欧洲人＞日本人

与欧洲人相比，日本人较不胜酒力

[1] 在酒精含量相同的情形下，酒里面的添加剂越少，引起宿醉的症状越轻。

100℃的热水会烫伤人体，为什么蒸桑拿不会被烫伤呢？

桑拿房里的温度很高，通常在 90 ~ 110℃。若是同样温度的热水淋在身上，一定会被烫伤，然而蒸桑拿却不会，这一点让人觉得非常不可思议。

蒸桑拿不会被烫伤有以下三大原因。

第一个原因在于汗水[1]。人在桑拿房中蒸 1 分钟左右便会产生 20 ~ 40 克的汗液。因为出汗会使得人体内的水分减少，所以蒸 30 分钟的桑拿能够使人的体重减轻 1 千克左右。

大量的汗水会在人体皮肤上结成一层薄薄的水膜，而水分又拥有强大的"热容量"，具有一定的将热量吸收掉的能力，并且需要很多热量才能使自身温度上升。人体的皮肤因此而受到保护，不会被桑拿的高温所伤。

第二个原因是桑拿房里的湿度。桑拿房里的湿度很低，出人意料的干燥。虽然蒸桑拿时人体会排出大量汗水，但是汗水会因高温而迅速蒸发。

液态物质在蒸发时会吸收掉一定的蒸发热（也叫汽化热）。水的蒸发热较大，每蒸发 10 克水便会从人体中消耗掉 25 千焦的热量。因此我们在蒸桑拿时并不会感到特别热。

第三个原因是"空气层"。人体的皮肤上覆盖有一层几毫米厚的空气层，这个空气层几乎不怎么移动。它的温度较接近人的体温，并且很难离开皮肤周围。

[1] 汗液具有两大功能。外泌汗腺分泌的汗液可以调节体温，而顶泌汗腺分泌的汗液则能够排出体内废物。

加之空气原本就不易导热，因此它能够保护皮肤不被热空气损伤。

　　这里，我再稍作一下内容拓展。人们在桑拿房中走动的时候有时会感觉到皮肤有些刺痛，这是因为皮肤上那一层不大移动的空气层发生了移动。若是运动得再激烈一些，皮肤上的空气层的移动就会更剧烈，从而导致无法保护人体的皮肤。因此在桑拿房内严禁大幅度运动。

　　　蒸桑拿后即便体重减轻，那也只是因出汗流失了水分而已。喝水之后又会恢复到原来的体重。

● 蒸桑拿不会烫伤人的原因

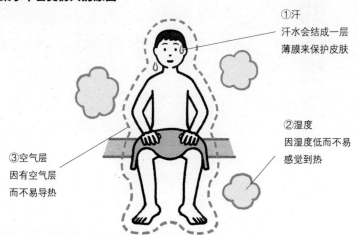

①汗
汗水会结成一层
薄膜来保护皮肤

②湿度
因湿度低而不易
感觉到热

③空气层
因有空气层
而不易导热

脑海中并没有联想色情的事情，为什么也会勃起？

阴茎的勃起分为"反射性勃起"和"心理性勃起"两种。

首先，反射性勃起是由于物理性刺激而产生的生理现象。比如，用手触摸阴茎或者交通工具等的颠簸，都会带给人体物理性的刺激，这种感受不需要通过大脑皮层传送，而是直接被传送到勃起中枢，由勃起中枢激起反射性勃起。

与之相对，心理性勃起则是在看到女性裸体，或者想到一些色情的事情之后因心理上的刺激而产生的生理现象。这种心理上的刺激经由中枢神经控制的大脑皮层传递到性欲中枢，性欲中枢[1]发出的指令再传递给自主神经下的勃起中枢。

勃起中枢在接收这些刺激信息后，掌控生殖器官的骶神经上凸起较长的一端（突触）会分泌出一种叫作一氧化氮的神经递质。阴茎海绵体内部由海绵体小梁和腔隙组成，海绵体小梁由平滑肌等构成。一氧化氮会进入构成这些结构的细胞内部。然后引起一种化学反应，分泌出大量的细胞内信息递质，即 cGMP（也叫环磷酸鸟苷）。

这种化学反应会使血管窦平滑肌细胞和海绵体小梁细胞舒张。这么一来，大量的血液流向已变成海绵状的海绵体内的空洞部分，即海绵体腔隙。海绵体变

[1] 性欲中枢位于大脑的"下丘脑"部位。男性的下丘脑大小是女性的2倍。

成充血状态，阴茎变硬。这种状态就是勃起。

　　通常来讲，阴茎勃起后，变硬的海绵体会压迫阴茎中的静脉，使得血液不会外流，阴茎保持一种勃起的状态。当身体不再受到性刺激的时候，一种叫作 5 型磷酸二酯酶（PDE5）的酶开始发挥作用，使 cGMP 和水起反应发生分解，勃起便会消退。

　　伟哥中富含一种能减弱 PDE5 功能的成分，因而能促使阴茎勃起。

● **勃起的原理**

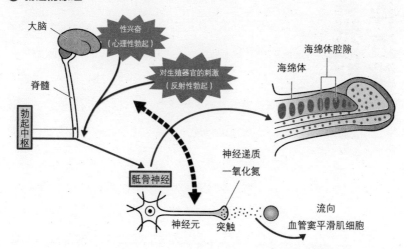

明明自己属于不容易紧张的类型，可为什么心脏依然会怦怦直跳？

构成心脏的是一种叫作心肌的肌肉。这种肌肉很特别，只存在于心脏部位，是人体肌肉中最为结实的组织。心肌规律的收缩运动，能够使血液流入动脉再输出，然后经静脉重新流回心脏。整个过程带动着人体全身的血液运动。

心脏几乎是每秒钟收缩一次。人处于安静的状态时心脏也能在一分钟内输送 5 升左右的血液，一天下来可以输送 7 ~ 8 吨之多。这个量相当于一台可容纳一万升液体的油罐车的容量。

血液的供给量会因身体状态的不同而大不相同。比如，做完剧烈运动之后，人的心率会加快。这时，人处于胸闷、心脏怦怦直跳的状态。这使得心脏每一次搏动后输送的血液量也随之增加。人体运动后，每分钟从心脏输送出的血液量最大可达 35 升，是安静状态时的 7 倍。

除了运动使人体的心率加快，还有很多其他情况能够使我们的心脏怦怦直跳。比如，人在受到惊吓或者心情激动的时候，心脏会比平时跳动得更快，咚咚地响，打鼓一般。

引起心脏怦怦直跳的物质是去甲肾上腺素和肾上腺素[1]，它们均属于神经递质。人脑内含有一定量的去甲肾上腺素和肾上腺素，它们会使人拥有适度的紧

---

[1] 一般情况下，去甲肾上腺素负责活跃人的思维及意识活动，而肾上腺素则负责向人体内脏传送能够促使人兴奋的信号。

张感，并精力充沛、心情愉悦地生活，同时也会让人注意力集中，有一定的积极意义。但是，这些物质若是过剩，便会引发人的不安和焦躁；反之，若是不足，则会使人容易陷入心情沮丧、抑郁的状态。

大脑在经受惊吓、激动等刺激之后，会从交感神经的末端分泌出去甲肾上腺素。分泌的去甲肾上腺素会使心肌细胞受到刺激，发生强烈的收缩，心率加快，从而造成心脏怦怦直跳的状态。

心脏有其自律性，就算与神经切断联系，也能继续规律地进行收缩与舒张运动，因此心脏可以被移植。

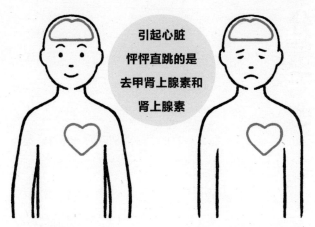

引起心脏
怦怦直跳的是
去甲肾上腺素和
肾上腺素

适度的情况下，
人会感到精力充沛、心情愉悦。

过剩时，人会陷入焦躁不安的状态；
不足时，人会陷入抑郁状态。

喝下的饮料里面绝大部分是无色的水，可为什么尿液是黄色的？

尿液的颜色基本上呈黄色，但也会因为人体状态不同而出现浓淡之分。形成这种黄色的主要物质是胆汁中的一种黄色色素"胆红素"的分解物[1]，主要由尿色素和尿胆素构成。这里，我们稍作一下内容拓展。尿色素（urochrome）和尿胆素（urobilin）的词头"uro"指代的是"尿"。

这些物质都易溶于水，因而可以离开肾脏，通过膀胱进入尿液一并排出，而食品的成分中易溶于水的物质恰巧也是黄色的居多，故尿液呈黄色。

另外，食物及饮料中所含的其他颜色的成分多数很难溶于水。比如，使咖啡呈褐色的大分子、使西红柿呈红色的一种叫作番茄红素的胡萝卜素，都几乎不溶于水。

所以，这些色素不会进入尿液，而是比较容易进入粪便中。比如，吃了越南料理之类的使用了很多绿色蔬菜的料理后，第二天的粪便颜色会偏绿就是这个原因。

那么，为什么尿液呈现的黄色有时很淡，有时又很浓呢？其中一个原因便是尿液浓度的问题。尿量越少尿液就越浓，颜色就越深，反之，则越浅。

另外还有一个原因是受到摄入食物的颜色的影响。比如，吃了很多含有易溶性黄色素的橘子、喝了

[1] 红细胞的平均寿命约为 120 天。当红细胞衰老裂解后，释放的血红蛋白在人体肝脏等部位被转化，会生成胆红素。

浓绿茶之后，这些食物中的成分就会使尿液的黄色变深。

再者，能够溶于水的维生素 B 族也以黄色居多，当超出人体所需的那些维生素 B 随着尿液一起排出时，就会使尿液的黄色更深。

肾脏每天产生的原尿约有 160 升，大部分会被肾小管再次吸收，所以最后变成尿液的大约只有 1.5 升。

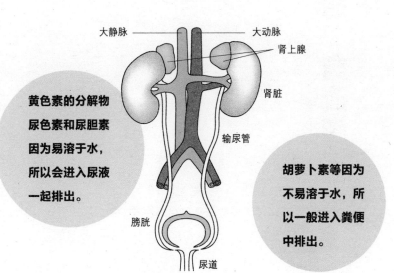

大静脉

大动脉

肾上腺

肾脏

黄色素的分解物尿色素和尿胆素因为易溶于水，所以会进入尿液一起排出。

输尿管

胡萝卜素等因为不易溶于水，所以一般进入粪便中排出。

膀胱

尿道

A型流感、B型流感、禽流感……为什么流感会传播？

流感是由于受了流感病毒的感染而引发的疾病。病毒比细菌还微小，结构上也更单一。病毒只由蛋白质膜和提供遗传信息的核酸（DNA 或者 RNA）构成。因此，病毒不会自我繁殖，只能依靠寄生在活细胞上来进行繁衍。流感病毒因为含有 RNA，所以被称作"RNA 病毒"。相比 DNA 病毒，RNA 病毒在繁殖的时候更容易发生突变。并且，在 RNA 病毒中，流感病毒又属于突变概率较高的一种病毒。不仅如此，人们还完全无法预测它何时会发生变异产生新的流感病毒以及新的病毒具有什么样的特征。

人体一旦被与自身异质的物质（即抗原）入侵，便会产生抗体，开启防御系统。但是，突变后的病毒与原来病毒的抗原不同，使得人体无法进行抵抗。因此，流感容易蔓延盛行。

流感分为季节性流感和新型流感两种。一般被称为 A 型流感[1]、B 型流感的是季节性流感。流感病毒的抗原不停地发生着细微的变化，每年在世界各地盛行。其中，A 型的传染性最强，C 型最弱。每年预防接种的疫苗都是根据当年预测的可能流行的病毒而生产的，因此最好每年都接种一下新的流感疫苗。

另外，有的时候抗原也会发生较大的变异，导致出现新的病毒大肆流行，这就是新型流感病毒。因为

[1] A 型流感还可以下分为 144 个种类（16 种 H 型抗原 ×9 种 N 型抗原）。

很多情况下人体都不具备相应的抗体，所以相比于季节性流感，人们更容易感染新型流感。

　　进入 21 世纪之后，人们不断地发现了一些巨大病毒，其直径甚至超过了典型的细菌，这颠覆了人们对于病毒的传统认知。实在令人惊叹！

高致病性禽流感（H5N1）曾在中国发生地域性流行（epidemic，在某一地域蔓延、流行），令人担心其会演变成全世界的传染病（pandemic，在全世界范围流行）。

● 流感病毒的模式结构图

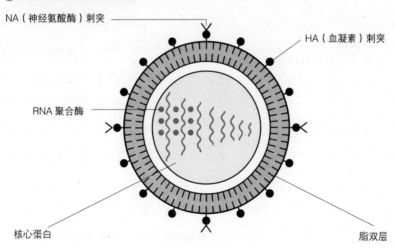

NA（神经氨酸酶）刺突

HA（血凝素）刺突

RNA 聚合酶

核心蛋白

脂双层

没有暴饮暴食，为什么也会患胃溃疡？

由于某些原因，胃对其自身的一部分也进行消化，导致内壁黏膜及黏膜下的肌肉层受到损伤。这就是我们常说的胃溃疡。

胃液主要用来消化蛋白质。蛋白质会因胃液的作用而分解为更小的蛋白胨分子。但即便如此，这些蛋白胨分子想要经过消化管的内壁被人体吸收的话还是太大了一些。因此，它们会在十二指肠处被分解（消化）为微小的氨基酸分子。然而，因为胃的内壁是由蛋白质构成的，所以胃液也能够将内壁分解掉。当然了，为了防止内壁被胃液分解，胃液中含有一种黏液，可以覆盖在内壁上起保护作用。

胃液由可以分解蛋白质的胃蛋白酶原、盐酸以及黏液三种成分构成。这三种成分分别由不同的胃腺进行分泌。胃蛋白酶原和盐酸属于攻击因子，黏液属于防御因子，一旦攻击因子和防御因子之间的强弱不均衡，便会发生胃溃疡，这就是传统的"天平学说"。

但是最近较为热门的话题是"幽门螺杆菌"[1]。幽门螺杆菌产生的毒素向胃黏膜上的细胞膜发出一种错误的信号，使得细胞脱落，胃的组织直接暴露在胃酸和消化酶中，从而引发胃溃疡。

幽门螺杆菌会随着人的排泄物一起排出，在不干净的环境中进入他人的口腔，再来到胃部引发感染。

[1] 幽门螺杆菌寄生在胃黏膜中，若没有任何保护层的话会被盐酸侵蚀掉，所以幽门螺杆菌会分解尿素生成氨，用来中和盐酸保护自己。

但也不是所有携带幽门螺杆菌的人都会患胃溃疡。日本人中有一半人是携带者，但据说只有其中 4% 左右的人才会发生胃溃疡，剩余 96% 的携带者能够与幽门螺杆菌和平共存。关于这一点，传统的"天平学说"可以进行很好的解释。

在日本的幽门螺杆菌携带者中，40 岁以上的占 70%，而年轻人只占 20% 左右，这个比例与欧美大致持平。通常认为这是战争年代及战后时期的卫生条件不好所致。

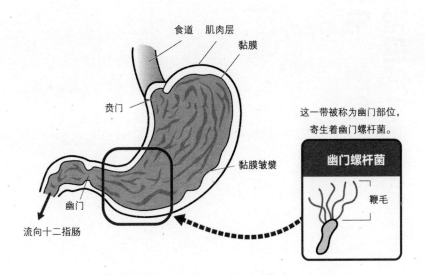

食道　肌肉层
黏膜

贲门

黏膜皱襞

幽门

流向十二指肠

这一带被称为幽门部位，寄生着幽门螺杆菌。

幽门螺杆菌

鞭毛

人类不愿招惹的疾病中，癌症位居榜首！为什么人会得癌症？

所谓的癌症，指正常的细胞在分裂增殖时发生了异常（癌变）从而引发的疾病。

一般来说，细胞分裂时的基本规则是产生与原来细胞完全相同的细胞，但是在复制的过程中偶尔也会出现一些错误。发生异常的原因在于作为遗传物质的脱氧核糖核酸（DNA）受到了放射线、化学物质、烟草、食物中的致癌物质以及癌病毒感染等的影响。

可见，癌变很容易发生在新生细胞的地方。所以，诸如成年人的心脏、骨骼肌、脑等不发生细胞分裂的地方相对来说不易出现癌变。会使遗传物质发生异常、正常细胞发生癌变的基因被称为癌基因，目前已发现并确认的有100多种。癌基因存在于正常的细胞中，只要不作为癌基因被激活，还是对我们人类的生存发挥着必不可少的作用的，比如促进细胞的增殖和分化。但是，癌基因一旦产生异常，就会引发癌症这种重大疾病。

另外，正常的细胞进行细胞分裂的次数是有限的，但是癌细胞的分裂则是无限度的。细胞的自我抑制功能完全不起作用，细胞会无限制地进行分裂。

人体内一旦出现癌细胞，身体的免疫系统会立马开始进行攻击。这样可以杀灭大部分的癌细胞，存留下来的那些癌细胞也受到一定程度的毁坏而慢慢改变自身基因，继续存留下来。

　　经过这样强大进化后的癌细胞会成倍分裂增殖。如此一来，人体的免疫系统便无法与之较量，只能依靠切除等外科手段治疗。

　　抗癌药的功能是阻止癌细胞分裂、增殖。另外还有一种"诱导分化治疗" [1] 能够将失控增长的癌细胞诱导为正常细胞。

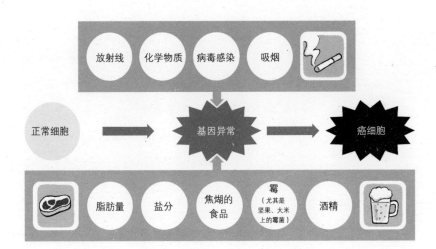

[1] 诱导多能干细胞（iPS 细胞）就是反向利用了这种现象。

每年春天都很郁闷，为什么会得花粉症？

花粉症是一种过敏性病症。会引起花粉症的过敏原有柳杉、扁柏等树木的花粉以及禾本科和菊科植物的花粉等。

一般来讲，人体很大程度上是依靠免疫系统的保护来维持健康的。病毒和细菌一旦侵入体内，人体的免疫系统就会产生抗体来抵御，然后再由白细胞来处理。这些抗体中有一种叫作"免疫球蛋白E"[1]。

免疫球蛋白E与人体内一种叫作肥大细胞的白细胞结合后，肥大细胞会分泌出细胞中存储着的组胺等化学物质。这个组胺正是保护人体不发生过敏的强大武器。

一旦有花粉等异物入侵人体，组胺就会使毛细血管扩张，促进血液中的抗体抵御过敏原。然后再使内脏中的平滑肌收缩，起到防止过敏原转移的作用。人体就是这样尽可能地将花粉排出体外。

这时人体就会表现出花粉症的症状。打喷嚏是为了把异物排出去，流鼻涕和眼泪也是为了把花粉冲洗掉。另外，鼻塞也是为了防止再有异物进入体内。这就是花粉症的产生机制。

这里，我再稍作一下内容拓展。包括花粉症在内的过敏性病症急剧增加也就是近 40 年的事情。这并不是因为过敏体质的人群增加了，而是因为环境等发生

[1] 抗体中的免疫球蛋白E与"肥大细胞"结合之后，抗原一旦附着在免疫球蛋白E上，肥大细胞就会发生破裂，释放出组胺，引起过敏反应。

了变化，导致原来没有这些症状的人也开始患上了过敏症。

组胺过多有时会导致脑部供血量减少，使人失去意识，血压急剧下降，心力衰竭。

● **花粉症的产生机理**

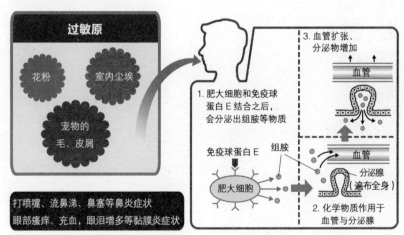

有个动作一不小心就成了习惯，掰手指为什么会咔咔作响？

我们经常看到有人掰自己的手指会咔咔作响，这个声音其实是指关节腔中的"气泡"破裂的声音。手指的两个关节结合的地方有一个"关节滑囊"，这个关节滑囊里面充满着"滑液"[1]，使得关节能够灵活运动。

包括这种润滑液在内的所有液体都有一种特性，就是在密闭状态下，当液体受到的压力减小时，溶解在液体中的气体会被释放出来。

手指也会出现这种情况。当关节弯曲或者拉伸时关节腔内由于空间变大、压力减小，会产生气泡。如果再用力拉伸手指的话，里面的气泡就会破裂，发出"咔咔"的声响。

气泡破裂的瞬间，虽然发生的面积很小，但是据说这一瞬间可达到一吨以上的力量。

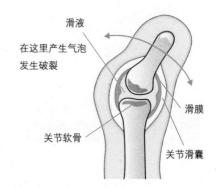

滑液

在这里产生气泡发生破裂

滑膜

关节软骨

关节滑囊

[1] 滑液是一种类似于蛋清的透明碱性液体，含有蛋白质和透明质酸，起到使关节灵活运动的作用。

饮食与化学

PART 2

美味、营养的
不可思议之处！

烤牛肉、烤鸡肉、烤猪肉！为什么肉烤过之后更好吃？

牛排，可以说是一种备受人们青睐的美食。当然，对讨厌肉食的人来讲则另当别论。一般情况下，动物死后肉会变硬。那是因为动物死后呼吸停止，而需要呼吸才能产生的酶也就停止产生了。肌肉中的糖原产生的乳酸无法被分解，使得渗透压增强，肌肉中的水分被固定，所以肉就变硬了。

但是搁置一段时间后，由于蛋白酶等物质的作用，肌肉开始自我消化，于是肉又变软了。接着，蛋白质被分解为氨基酸，产生美味成分，使肉的口味更好。

虽说如此，变硬的肉并不适合直接食用。肌肉的外部包有一层肌肉纤维和胶原蛋白的强力结合组织。这种胶原蛋白一遇火就会收缩，再加热一下的话，像锁链一样的结合组织就断裂了，变成明胶。于是，强力结合组织弱化，肌肉纤维随之舒展开，肉就变软了。

加热的一种方式就是"烤"。"烤"是自人类发现了火之后便已开始采用的一种相当古老的做法[1]。而"煮""蒸"等做法大概只有一万年的历史，"炸""炒"的做法则是在人类学会用油之后才开始出现的。

胶原蛋白经过火烤之后会变软，但是肉的肌原纤维（构成肌肉纤维的微小纤维）的结构蛋白质经过加热之后，会发生变性和凝固，从而使肉变硬。牛排能否烤得好吃，关键在于胶原蛋白的明胶化程度和肌原

---

[1] 这种做法说不定是人类在食用了死于山中大火的野兽肉之后偶然发现的呢。

纤维的硬化情况。

牛排烤得好，会产生一种"黑色素"。这是食品中的糖分和氨基酸被加热后形成的褐色物质，就像米饭烧焦的部分和天妇罗外皮一样，很香，是一种能提味的物质。

牛肉中富含的色氨酸是一种营养素，它能够参与合成被称为"幸福激素"的血清素。

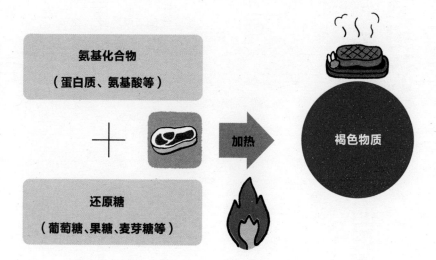

日本酒、烧酒、红酒、威士忌，不一而足，为什么酒分为酿造酒和蒸馏酒？

据说人类最早喝的酒是果酒[1]。比如说，将苹果带皮碾碎压榨成汁，放入瓶内之后，第二天便发酵了。因为苹果表皮上有一种酒精发酵所必需的天然酵母，所以苹果会发酵变成酒。

在酿造学上，根据原料的不同将酿酒分为两种。一种是以葡萄糖为原材料的，另一种是以淀粉为原材料的。所谓的葡萄糖做原材料（即"糖质原料"）的酒，就是利用苹果、葡萄等富含糖分（尤其是葡萄糖）的果实作为材料，通过酵母的作用产生酒精，于是便有了苹果酒和葡萄酒。所谓的淀粉做原材料（即"淀粉质原料"）的酒，指的是使用大米、小麦、玉米等谷物，以及土豆、地瓜等块茎作物作为原材料，主要成分为淀粉。一般来讲，酿酒用的酵母是不作用于淀粉的，但是这样的话就无法使酒精产生了。因此，我们首先需要进行一道叫作"糖化"的工序，使淀粉分解成糖类。糖化的方法在日本及东南亚是这么操作的：将曲霉掺入蒸煮后的大米来制作酒曲，通过曲霉产生的淀粉酶使淀粉分解成糖类。糖化之后再用酵母使之发酵。日本清酒的酿造过程就是这样的。

在西方，人们利用麦芽中的淀粉酶来使淀粉发生分解。像这样从大麦或小麦中提取麦芽而酿造出来的便是啤酒。利用发酵来酿造的酒我们称为"酿造酒"，

---

[1] 部分类人猿和人类拥有一种能够分解酒精的基因。也许，人类就是猴子喝醉掉下树之后进化而来的？

比如清酒、啤酒、葡萄酒就是其中较具代表性的。

　　另外，酒精度更高的是蒸馏酒。简单来说，就是酿造酒经过蒸馏后制成的。比如，将以大米、小麦、薯类等为原材料发酵而成的酒进行蒸馏之后得到的便是烧酒。蒸馏酒，别名烈性酒。除了威士忌、烧酒，其他具有代表性的还有作为鸡尾酒基酒的伏特加、龙舌兰、金酒（杜松子酒）、朗姆酒。

> 在酿造酒和蒸馏酒中加入果肉和草药等调和而成的是梅酒等混合酒，也称作"利口酒"，深受人们的喜爱。

种类繁多的酒

原料		糖化	发酵	蒸馏	混合
糖质原料	葡萄 苹果 其他果肉 糖蜜 兽乳		葡萄酒 苹果酒 蜂蜜酒 开菲尔 马奶酒	白兰地 朗姆酒	甜葡萄酒 药酒 利口酒 蓝柑桂酒 苦艾酒 日式甜料酒 合成清酒
淀粉质原料	大米 大麦 黑麦 玉米 土豆 红薯	酒曲 麦芽	清酒 绍兴酒 啤酒	烧酒 茅台酒 威士忌 （麦芽威士忌、苏格兰威士忌） 伏特加 金酒	

奶酪的原材料是鲜奶，为什么奶酪却是固体的？

奶酪，是一种由牛、羊等动物的奶发酵而成的乳制品。据说早在六千多年前，人们就开始食用动物的奶了。当时，中亚草原上的人饲养家畜，给自己的小孩喝家畜的奶，开始了从动物幼崽那里抢夺奶的行为。

动物的乳房和乳头周围的分泌腺上有很多乳酸菌。乳酸菌能够发挥它的拮抗作用，保护幼崽喝奶时不受有害细菌侵害。

乳酸菌能够将奶里含有的乳糖进行分解，并排出发酵过程中产生的乳酸。乳酸具有抗菌性，它属于酸性物质，能够抑制很多腐败菌的生长繁殖。因此，当被制作成发酵乳之后，发酵乳不易被腐败菌入侵，有利于保存。这正是酸奶和奶酪能够久存的原因。

或许最初的发酵乳就像酸奶那样，是呈半固体状的流质物吧。这种流质的乳脂成分一点点被分解成液体，几天后，表面的部分会有些凝固，周围会渗出一些水一样的液体。

人们为了再次使它均匀化，便用棒子等进行搅拌，这么一来固体和液体便会发生分离。由于搅拌带来的刺激，流质的膜会发生破裂，里面的脂肪随之溢出，一边浮游一边开始凝固，最后变成固体状。这就是原始的黄油。

分离出这个固体部分之后，我们再来看剩下的液体部分，在底部应该会有一些沉淀物。尝试着将其煮一下之后，它会发生凝结。这是一种叫作酪蛋白的蛋白质发生凝固的过程[1]。

这里，我们再稍作一下内容拓展。我们将这个凝结的部分拿在手里捏成团，再加一点盐之后，会发现它特别好吃。如果把它晒干，去掉水分，口味会变得更加浓郁，更好吃。奶酪就这样诞生了。

只有在炎热的地区乳酸才能使酪蛋白凝固。如果不在炎热的地区，就需要使用凝乳酶。这是一种从牛的幼崽第四个胃中提取的蛋白酶。

● **奶酪的制作方法**

①将原料乳进行
低温加热及杀
菌处理。

②加入乳酸菌，再加
入酶（凝乳酶等），
使其凝固。

③切成小块，使
乳清容易溢出。

④一边加热一边慢慢
地搅拌，待凝结成
型后，挤出乳清，
使之发酵、成熟。

[1] 酪蛋白在牛奶中以胶体粒子的状态存在，其表面发生不规则反射，因而牛奶看起来是白色混浊的。

培根、火腿属于熏制食品，为什么熏制后的肉可以久存？

培根、腊香肠、牛肉干和熏三文鱼等熏制食品不仅好吃，还耐储存。它们都是通过燃烧樱花树、山毛榉等的木屑和树枝熏制而成的。

如今，熏制食品作为干货被人们广泛食用。它能够长久储存有以下两大原因。

第一个原因是，肉和鱼等食材经过熏制后水分会减少，变得很干燥。我们都知道，使食物腐烂的罪魁祸首是微生物。但是，微生物也属于生物，当微生物中的水分含量减少到只剩四成时，它便难以繁殖了。因此，熏制食品不容易再受腐蚀。

第二个原因在于"烟的效果"。制作熏制食品时，需要使木屑和树枝在缺氧状态下进行不完全燃烧。若是完全燃烧的话就不会有烟，无法进行熏制。

木材不完全燃烧形成的烟雾中含有甲醛[1]、苯酚[2]等物质。这两种成分都很容易跟生物的蛋白质发生反应，因此也会使寄生在食材中的微生物的蛋白质发生变性。由此，微生物便会死亡，熏制食品也不会发生腐烂。而如果甲醛和苯酚进行了完全燃烧，便只剩下二氧化碳和水了。

附着在熏制食品表面的甲醛等醛类物质也会杀死新入侵的微生物，并且还能跟食材表面的蛋白质结合，产生一层强力的皮膜。这层皮膜可以预防微生物等从

[1] 醛是具有醛基（-CHO）的化合物的总称。甲醛（HCHO）是其中最简单的化合物，具有较强的还原性。

[2] 酚是羟基（-OH）与芳烃核（苯环或稠苯环）直接相连形成的有机化合物。仅在苯环上用羟基替换了一个氢原子所得的苯酚与用于消毒的甲酚是同类。

外部入侵，使得熏制食品可以长期保存。

这里，我们再稍作一下内容拓展。烟会熏到眼睛，就是因为甲醛等刺激到了眼球晶状体中的蛋白质。熏制食品中虽然含有甲醛等物质，但由于其含量不高，还没达到危害人体的量，所以可以安心食用。

在食物保存方法极其发达的现代社会，熏制食品更多的是作为一种个人喜好而被食用。而在过去，熏制则是保存食物的主要手段。

● **熏制食品的简单制作方法**

在锅底垫一张铝箔纸，放上木屑片，挂上烧烤网，然后再放入食材。盖上锅盖之后进行加热。

为什么大米要煮了之后才能食用？

煮饭是一件非常日常而又理所当然的事情。但是，我们若深入思考一下的话，便会发现"煮米"这种做法很不可思议。

原本，淀粉在大米的构成中占了大约 75.6%。因为淀粉不能溶于水，很难被消化，所以我们不能直接生吃大米。如果吃了生的淀粉，或者煮得半生不熟的淀粉，就会导致腹泻。因为人类体内既没有像牛那样的反刍胃，也没有可以消化生淀粉的酶。

这种既不溶于水又难以消化的生粉状态的淀粉，我们称之为"β 淀粉"。在这种淀粉中加入水，进行加热，使之糊化[1] 后的产物叫作"α 淀粉"。只要淀粉转变成了 α 淀粉，人体便可以将其消化、吸收。

大家也许会认为：既然加水加热就可以使淀粉转化，那么就煮一下再吃好了。从原理上来讲的确如此，然而事实上如果只是煮一下的话并不好吃。

前面我们也已经解释过了，大米需要加水加热并且进行糊化。这种情况下，水量若不足的话，便煮不好大米，所以首先需要保证充足的水量。但是，又不能在煮好之后留有多余的水分。最好的状态是，火候到位，大米已经煮透了，米粒的表面干湿刚好。

然后，在加热之后，还需要有一个 15 ~ 30 分钟的"焖"的过程，使得锅底的水分被煮干。具体来说，

---

[1] 淀粉的结晶构造呈开放膨胀的形态，具有一定的黏性。

最理想的状态是，锅底的水分煮干，米饭和锅底接触层的温度在220℃以上，锅底的饭粒结成香喷喷的锅巴，呈淡淡的金黄色。这样的米饭最好吃。

糯米也属于米，但如果仅仅使用上述"煮"的方法还不能吃，还需要"焖"的工序。

● **淀粉的糊化**

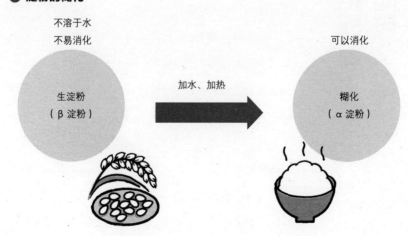

不溶于水
不易消化

生淀粉
（β淀粉）

加水、加热

可以消化

糊化
（α淀粉）

面筋其实是由蛋白质构成的，为什么能用小麦粉做面包？

小麦粉可以做成面包、面条、点心，它有如此多功用的秘诀就在于"面筋"。面筋是小麦粉中所含的一种特殊的蛋白质。淀粉在小麦粉的构成成分中占了大约 70%，蛋白质在其中只占了 7% ~ 15%，主要包含麦醇溶蛋白和麦谷蛋白两种成分。在小麦粉中加入水，充分揉和之后，这两种分子就会结合在一起，形成一种网状的组织。这种网状的组织就是面筋。

小麦粉可分为"高筋粉""中筋粉""低筋粉"三大类，它们的区别就在于面筋的含量不同。做面包和通心粉时一般使用面筋含量较高、口感较硬的高筋粉；做点心时一般使用面筋含量较低、口感较软的低筋粉；乌冬面和拉面等面条因为既要求柔软又要求口感好，所以使用居中的中筋粉刚刚好。

为了制作蓬松的面包，我们需要直接掺入面包酵母[1]。酵母菌借助少量的糖分进行繁殖，产生二氧化碳。二氧化碳能够使制作面包的材料变得蓬松。做点心的时候，我们一般在面团中加入碳酸氢钠（小苏打），然后进行加热，使之产生二氧化碳而变得蓬松，或者加入打散后的全蛋液或蛋清后进行加热。

这里，我们再稍作内容拓展。如果是做拉面的话，我们一般是在小麦粉中加入碱水后再和面。碱水是一种碱性的水溶液，主要成分是碳酸钠和碳酸钾。将小

---

[1] 面包酵母与啤酒酵母等属于同类，是一种单细胞的微生物。对应不同的用途，人们会选育合适的菌种。

麦粉和碱性物质混合在一起充分揉和之后，面筋分子的结合程度就会发生变化，面会具有一定的弹力。

就这样，小麦粉会根据添加的物质成分不同而发挥它变换自如的特性。比如，加入糖分再进行揉和之后，面团中的水分会被吸收，面筋的形成因此而变慢，黏弹性降低。这样，我们就会得到柔软的海绵状的组织，这种状态的面团用来做蛋糕刚刚好。

油脂会阻碍蛋白质和水的接触，阻碍面筋的形成，因此，加入油脂之后，做出来的东西会比较脆。

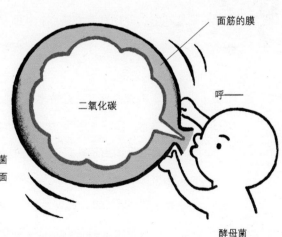

面筋的膜

二氧化碳

呼——

面筋的膜包裹着酵母菌产生的二氧化碳，使面包变得蓬松起来。

酵母菌

33

口香糖的原材料是树胶？
为什么口香糖会越嚼越软？

原本是坚硬的，却越嚼越软，这就是不可思议的口香糖。口香糖嚼到最后剩下的是胶基。用于制作这种胶基的，其实是树胶。它采自于一种叫作"人心果"的树木。这种树原长于墨西哥西部以及危地马拉和洪都拉斯等中美洲国家。

据说在公元4世纪前后，居住在这些地域的玛雅人和阿兹特克人割破人心果树的树皮来收集树胶，并将其煮干做成糖胶树胶来嚼。这就是现在我们食用的口香糖的由来。在墨西哥的语言中将"咀嚼东西"叫作"糖胶树胶"。

玛雅文明虽然衰落了，但是糖胶树胶却传给了墨西哥印第安人，继而又传给西班牙移民，销往美国。在日本，从大正（1912—1926）到昭和（1926—1989）期间的国产口香糖都没有什么销路，直到"二战"后受到了美国士兵食用口香糖的影响，才开始迅速地普及开来。

糖胶树胶等植物性树脂[1]在被人们提取之后，即时煮干，保持在还剩30%水分的状态下运往日本。将聚乙酸乙烯酯、碳酸钙等物质混入其中，并进行充分的熬炼，便可以得到胶基。坚硬的口香糖能够越嚼越软，就是因为其中的聚乙酸乙烯酯在发挥作用。

高分子材料等在低温环境下坚硬如玻璃，但是温

[1] 植物性树脂，是指松树和冷杉等树木中富含的具有黏性的树脂。这是一种暴露在空气中便会发生固化的物质。

度上升后便会变成柔软的橡胶状，这种现象我们称为"玻璃化转变"。使之发生玻璃化转变的温度称为"玻璃化转变温度"。

聚乙酸乙烯酯的玻璃化转变温度处于室温和人的体温之间。这样，坚硬的口香糖在人们的口中就会越嚼越软。

接着再给大家介绍一下口香糖的制作工艺。我们将胶基做成小颗粒，并加入砂糖、葡萄糖、玉米糖浆、香料和软化剂。在进行充分搅拌之后压制成薄片，撒上糖粉，最后切分一下就制成了。

为了预防蛀牙，很多口香糖里面都添加了帕拉金糖（低聚糖的一种）和木糖醇等成分。

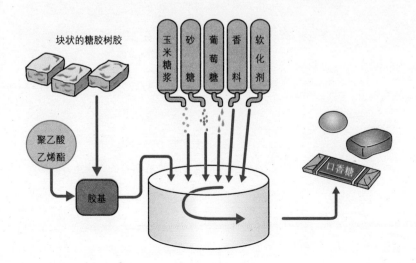

冬日里的美味！
为什么烤过的红薯更甜？

一般提到消化，人们想到的便是食物顺着嘴进入胃部，然后被吸收成为人体的营养物质的过程。但是，若仅仅是将食物送入消化器官的话，营养素并不会被人体吸收。像淀粉等糖类、脂肪、蛋白质等营养素是无法直接被人体吸收的。

因此，人体消化道内会分泌辅助消化的酶。经过酶的作用，营养素被分解为易溶于水的小分子后被人体吸收。这种分解我们称之为"化学性消化"。为了使酶能够辅助人体进行化学性消化，我们需要将大块的食物碾碎，并使食物和消化液混在一起，这就叫作"物理性消化"。吃东西时，用牙齿咀嚼也属于物理性消化的一种。

另外，人们将在消化道中消化吸收营养素，并通过血液将其送入体内细胞的过程称为"细胞外消化"。在细胞外消化的过程中，经过消化酶的作用，淀粉、脂肪、蛋白质等会被分解，但是作用于各类营养素的酶均不同。比如说，淀粉的消化吸收过程中有一种叫作"淀粉酶"的消化酶[1]在起作用,将其分解为糖分子。

其实，红薯里面也有这种淀粉酶。不仅仅是淀粉酶，分解脂肪和蛋白质的消化酶也存在于各种植物中，来帮助种子发芽和生长。虽然这些消化酶所引起的化学反应都在植物细胞内进行，但是其实这和动物消化

---

[1] 淀粉酶，过去被称为"淀粉酶制剂"，它主要由唾液腺和胰腺分泌。

道内发生的消化反应是完全一样的。

　　当红薯内部的温度达到 50℃时，红薯中所含的淀粉酶对淀粉的分解活动是最旺盛的。分解的结果便是成分中具有甜味的糖分增加，使得红薯的甜度提升。热乎乎的时间持续得越久，甜味越浓。

　　　生物体内有各种各样的酶。酶具有底物特异性，特定的酶只能催化特定的物质（底物）。

● 烤红薯甜度高的原因在于淀粉酶

淀粉酶

蘑菇这个词，在日文中是"木之子"。蘑菇多生长在倒木上，每种蘑菇只生长在特定的树木上，如金针菇长在朴树上，香菇长在栲树上，松茸长在红松上等，并由此而得名。

蘑菇在森林的生态系统中发挥着非常重要的作用。地表上堆积的植物"遗体"首先由细菌和霉菌将其中的碳水化合物、含氮化合物等进行分解，然后再由细菌、霉菌以及蘑菇等将其中的纤维素和半纤维素等物质进行分解，接着再由蘑菇将其中的木质素进行分解，最终完成无机化，被其他植物再次利用。蘑菇是森林资源再回收利用的使者，也是树木之源。

根据营养获取方式的不同，蘑菇可分为以下三大类[1]。

第一类是共生菌（菌根真菌），它在活的植物根部形成菌根，从中吸取低分子糖；同时，菌丝将从土壤和有机物中吸收到的各种无机盐类和水分提供给植物。

第二类是寄生菌，它寄生在动植物中，单方面地从中吸取营养。其中较为有名的是通过寄生在昆虫幼虫身上而生长的冬虫夏草菌。

第三类是腐生菌，它从生物的遗体中吸取营养。香菇等种植类菌菇大部分属于此类。

[1] 蘑菇和酵母菌、霉菌一样，同属于真菌。人们很容易将它们与细菌混淆在一起，但是细菌属于原核生物，真菌属于真核生物。

这里，我们再稍作一下内容拓展。日本国内产量最高的是香菇，其栽培历史始于江户时代。当时，人们利用砍刀在橡木和麻栎的原木上砍开裂缝，然后再放置到山上，等待着空气中飞散的孢子附着到木头上，以此来栽培香菇。

在经过反复试验、不断摸索之后，人们终于在战火纷乱的 1943 年取得了在木片上纯种培植香菇菌菌种的专利。这种方法的培植效率很高，确实扩大了香菇的产量，从而使香菇很快遍及全日本。

松茸和活的红松根部共生。一般来讲，人工栽培松茸不仅需要活的红松，还需要适宜的土壤和气候环境等各种条件。

寄生菌
冬虫夏草等

腐生菌
金针菇、香菇等

共生菌
（菌根真菌）
松茸等

为什么喝酒后会很想吃拉面？

人喝了酒之后，乙醇会进入体内并入侵到神经细胞内。如此一来，神经命令传递遇阻，大脑活动就会变得迟钝。大脑为了能够恢复神经功能，便会需要具有信号传递功能[1]的钠离子 Na^+。最富含钠离子的是 NaCl，也就是我们常用的食盐。于是，大脑就会发出命令："摄取盐分！"

同时，饮酒之后，大脑活动的能量之源葡萄糖含量容易降低。于是，大脑便发出命令："摄取葡萄糖！"葡萄糖属于碳水化合物。由于身体处于脱水状态，需要水分，所以才会有"盐分＋碳水化合物＋水分＝拉面"的联想。

人在喝酒之后会很想吃大碗饭和点心，也是因为这些食物中富含盐分和糖分。

盐分
（NaCl）　　碳水化合物

Na^+　　葡萄糖

---

[1] 所有的细胞都会不断地排出电解质 Na^+、吸入电解质 K^+。神经细胞在受到外界刺激后，Na^+ 会进入细胞内，引起细胞外 Na^+ 的不足。

解答身边的
化学现象！

为什么圆珠笔写起来很顺滑？

圆珠笔构造的精妙之处在于其笔尖的滚珠。这个滚珠在纸张的阻力作用下转动并出墨。滚珠如此不停地转动，便可将附着在滚珠上的墨水带到纸张上。这简直就是一个"超小型的印刷机"。

下面，简单地给大家介绍一下圆珠笔的结构。我们首先用锤子将笔尖的滚珠嵌入珠座的孔内，大约保留 30% 的球体露在孔外，然后将固定滚珠外侧的金属零件朝珠座内侧拧紧。如果固定不牢的话，滚珠便无法保持它的位置；如果固定过紧，滚珠又会无法转动。因此，固定滚珠的力量必须适度、到位。我们把滚珠和嵌有滚珠的珠座部分称为"芯头"。这个部分与墨水管相连接。

滚珠的直径一般为 0.5 ~ 0.7 毫米。为了能够使滚珠自由灵活地转动，书写手感舒适，滚珠必须是球形的。同时，滚珠的球形加工误差一般要求小于 0.0003 毫米，这一要求超过了对手表内部精密零件的精度要求。

假设在 1 秒钟内用圆珠笔画一条 10 厘米长的线条，那么直径为 0.7 毫米的滚珠需要转动 45 次，直径为 0.5 毫米的滚珠需要转动 60 次。这个转速已经超过了日本新干线车轮的运动速度。所以，滚珠必须具备抗摩擦、耐磨损的优质性能。为此，目前一般使用碳化钨[1]、刚玉、陶瓷等硬质材料来制作滚珠。

　　另外，墨水是凝胶状的，它总是顺着重力的方向流向滚珠。所以，在没有重力的地方，圆珠笔是无法使用的。这个墨水不仅用于书写，同时还能起到润滑油的作用，可以有效地减小滚珠和珠座之间的磨损。因此，圆珠笔不仅需要出墨稳定，而且墨水还要不易变质、可长期使用。

　　可擦圆珠笔的原理是这样的：微型笔芯内装的墨水由三种材料构成，它们会因为摩擦产生的热而发生变化，变成透明状。

● **圆珠笔的构造**

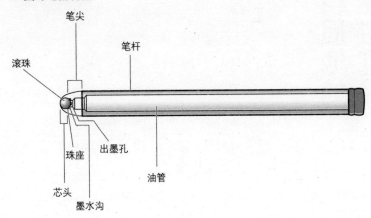

笔尖

笔杆

滚珠

出墨孔

珠座

芯头

墨水沟

油管

[1] 碳化钨是一种由钨和碳按 1：1 比例构成的碳化物（无机化合物）。

如今的橡皮基本都是塑料质地的，而橡皮为什么能够擦除字迹呢？

过去我们使用的橡皮恰如其名，都是用天然橡胶制成的。但是现在不一样了，橡皮基本都是塑料质地的，主要是由原材料聚氯乙烯树脂、增塑剂、陶瓷粉末以 2 : 3 : 1 的比例混合而制成。

塑料一般只有在高温高压的条件下才会发生变形。但是加入增塑剂之后，塑料在低温低压的环境下就能发生变形。不过，这只是增塑剂在橡皮制作工艺中起到的一个小小的辅助作用而已。

真正发挥作用使橡皮能够擦除字迹的是增塑剂。虽说现在的橡皮都是塑料质地的，但其实构成塑料的聚氯乙烯树脂并没有擦除字迹的功能，它的作用是将增塑剂牢牢地包裹住。

那么，橡皮是怎样把字迹擦除掉的呢？我们用显微镜观察一下纸张的表层，可以看到纸张上的纤维是相互交织在一起的。铅笔芯就是将石墨[1] 颗粒附着在这些纤维上而留下字迹的。橡皮中增塑剂的油能够与石墨颗粒发生强力结合，这种结合的力度比石墨颗粒与纸张的结合力度强几百倍。所以，当增塑剂一碰到石墨颗粒时就会像磁石吸铁一般，将石墨颗粒从纸张的纤维中吸走、去除。

通常，人们很容易误以为橡皮是削薄了纸面来擦除字迹的，其实并非如此，它是通过吸附来完成字迹

[1] 石墨是一种由碳构成的"元素矿物"。在元素分析之前，人们一般认为它里面含有铅，但事实上石墨中并不含铅。

消除的。不过，橡皮原材料成分中的陶瓷粉末会在不破坏纸张的情况下微弱地削薄纸张表层。它的作用是将纤维中的石墨颗粒抠出来。

但是，这是为了辅助增塑剂更好地与石墨颗粒发生接触。橡皮能够良好发挥其功能的关键在于，聚氯乙烯树脂包裹增塑剂的力度要恰到好处。正是因为这种包裹的力度适当，所以我们使用橡皮时，增塑剂便会出来发挥它的作用，擦除字迹。

橡胶质地的橡皮是 18 世纪的英国人发明的，而塑料质地的橡皮则是日本人在 1952 年发明的，并从 1965 年开始被人们广泛使用。

● 铅笔字消失不见的原理

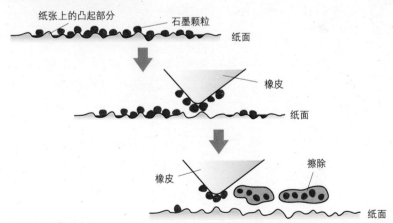

胶水可以粘住东西，而胶水为什么具有黏性呢？

万能胶的威力十分强大。从理论上来讲，两块铁片之间只需用万能胶粘住，即便接触面积仅一枚邮票大小，哪怕相扑大力士也无法再将其分开。

万能胶具有黏性本是因为"分子间力"[1]的作用。纸和塑料等物质无论看起来多么光滑，它们的表面都一定存在着深度至少百万分之一毫米的凹凸。万能胶会流入物质表面的凹陷部分发生凝固，使物体之间牢固地黏合。这种功能基于胶水的分子和黏合对象的分子之间的分子间力，被称为"投锚作用"。

目前，家用万能胶的主要成分是一种叫作氰基丙烯酸酯的化合物。这种成分一遇到水，它的分子便会因为与氢的结合而立马链接在一起，发生高分子化，拥有黏固的性质。普通的胶水是与空气接触后变干燥而进行黏合，而万能胶则是通过水分来进行黏固。

即便是纸和塑料等一眼看上去好像并不含有水分的东西，实际上一般也都含有水分。况且，空气也有一定的湿度。氰基丙烯酸酯能与仅有的这点水分发生反应，发挥黏固的作用。

如此看来，万能胶在软管内不会发生黏固也就不难理解了。因为管口设计得非常细，可以很好地防止水汽进入，所以胶水在软管内不会发生黏固。虽说如此，管口处有时还是会被堵住。这是因为一点点的水

---

[1] 原子通过离子键或者共价键（100）结合来形成分子。氢键（10）或者范德瓦耳斯力（1）在分子的分子间力中发挥着作用。括号内的数字表示力量的强度比例。

分便可使胶水发生反应，所以无论我们把管口设计得多细，都难以完全避免这种情况发生。

这里，我们稍作一下内容拓展。如果万能胶一次用量过多的话，会无法进行瞬间黏固，因为用量过多会导致胶水进行化学反应所需的时间变久。

如果胶水粘到了手指等地方，可以使用卸甲油，或者沾点温水，然后将它轻轻地搓掉。

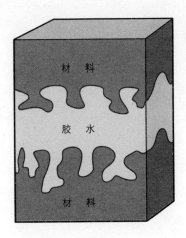

投锚作用

胶水会像轮船抛锚入海一样，
慢慢地渗入材料的孔隙中发生黏固。

洗衣液可以清除污渍，而洗衣液为什么可以去污呢？

洗衣液是怎样去除衣物上的污渍的呢？其实不仅是洗衣液，我们平时使用的洗发水、护发素、肥皂都有类似的洗涤功能。它们的秘密在于表面活性剂和渗透力。

所谓的表面，是指气体、液体、固体等的临界面，也称为"接触面"。就洗涤而言，它是指衣物和油脂污垢的接合处，以及水和污垢的接合处。表面活性剂是一种改变表面状态、使表面活性化的物质。表面活性剂的分子呈细长形，是由亲油性较高的亲油基团和亲水性较高的亲水基团相结合形成的。亲油基团对油和污渍有亲和力，对水无亲和力；相反，亲水基团与水亲和，对油和污渍无亲和力。两种性质迥然不同的基团合为一体，这一特性正是洗衣液的特殊之处。

当我们将洗衣液溶于水中，并放入脏衣物开始洗涤之后，亲油基团便会渗入污渍与衣物的接合处，开始发挥它的活性化作用，使污渍从布面上脱落。然后，洗衣液会将脱落的污渍聚在一起，形成球团。

同时，亲水基团则吸附在衣物的最外侧，与大量的水分相结合。因为水分子在水中活动频繁，不停地进行着分子运动，所以吸附着污渍的球状洗涤微粒在分子运动的影响下被震动并弹出。平时我们看到洗涤槽中的水会泛白并呈乳浊状，就是这个原因。

下面，我们再来看另一个秘密因素：渗透力。一一般情况下，水即便浸湿了布面，也不会渗透到布面深处。所以，光用水是无法将衣物上的污渍洗净的。

但是，水中溶解了洗衣液之后，水的表面张力（即水滴舒张的力量）会变小，从而使得水滴在不怎么舒张的状态下就开始四处扩散。如此一来，水便能很好地渗透到布的细纹深处，将布彻底打湿，以有效地去除衣物纤维细缝之间积存的污垢。这就是洗衣液特有的去污效果[1]。

表面活性剂在日常生活中应用广泛。除了洗衣液，其他诸如化妆品、刷牙粉、食品、医疗用品、纤维、混凝土中也都含有表面活性剂。

● 表面活性剂的作用模式图和去污原理

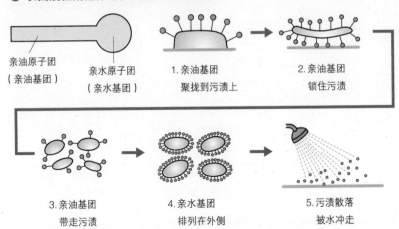

亲油原子团
（亲油基团）　　　亲水原子团
　　　　　　　　（亲水基团）

1. 亲油基团
聚拢到污渍上

2. 亲油基团
锁住污渍

3. 亲油基团
带走污渍

4. 亲水基团
排列在外侧

5. 污渍散落
被水冲走

[1] 我们的头发以及皮肤上都有一层皮脂膜，它可以防止头发和皮肤因水分流失而变得干燥。而表面活性剂则会破坏这层皮脂膜，所以我们在使用含有表面活性剂的清洁用品时需要十分注意，不可过量使用。

日本为什么能将牛仔裤推广到全世界？

如今备受全世界人民青睐的牛仔裤，其前身不过是卸货工人穿的工装裤。

关于牛仔裤得名的由来有两种说法：一种说法是居住在意大利港口城市热那亚的法国匠人将用于制作工作服的厚实的木棉布料称为"Gênes"（热那亚产的布），牛仔裤由此而得名。另一种说法则认为其名称源自海洋王国热那亚帆布的特征"Bleu de Gênes"（热那亚之蓝）。

1848 年，美国步入了淘金热时代。一位作为牛仔裤厂商而名传后世的德国移民杂货商李维·施特劳斯将马车的帐篷材料染成靛蓝色[1]，然后缝制成工作服出售。

这种裤子在当时十分畅销。当用作原材料的布供不应求后，李维·施特劳斯从当时的纤维工业中心地法国的尼姆进口了厚实的棉布，将它作为牛仔裤的基本材料，并命名为"牛仔布"。不过，当时牛仔裤虽然很受欢迎，但是在欧美却一直有一种顽固的观念束缚着人们，大家都认为牛仔裤只不过是一种长款的工作服罢了。而日本，则推动牛仔裤发展成一种时尚。

1978 年，日本发明了"石洗加工"。石洗加工就是将牛仔裤放入工业用的洗衣机中和浮石一起清洗。紧接着，日本科学家又于 1986 年公布了一项新的研发成果"化学洗"，即通过氯类化学药品与牛仔裤的反应，使牛仔裤产生部分褪色。自那以后，牛仔裤便深受全世界年

---

[1] 蓼蓝属蓼科植物，呈蓝色。靛蓝色是蓼蓝中的成分经过水解和氧化后二次形成的。

轻人的喜爱，成为一种时尚。

　　但是，印染牛仔裤用的靛蓝也曾一度遭遇过危机。靛蓝是将天然染料蓼蓝进行人工合成后所得到的。在人们发现了可以将更为先进的阴丹酮作为木棉染料之后，对靛蓝的需求便减少了。在 20 世纪 50 年代，靛蓝几乎就要走到尽头了，但如今全世界对于靛蓝的需求大约还有 17000 吨。

　　　　由于靛蓝只能对纤维的表层进行染色，所以在重复洗涤牛仔裤的过程中染料会被洗掉。

● **还原染料**

还原染料

（靛蓝、阴丹酮等）

· 染料中还有水溶性的直接染料等。

因为染料中所含的羰基不溶于水，所以，在染色的时候我们使用还原剂和氢氧化钠使染料中的羰基溶于水，并附着在纤维上。再经氧化，恢复成原来不溶性的染料而染色。这就是还原染料染色的原理。

免烫！为什么形状记忆衬衫不会起皱？

棉衬衫的丝线中纤维素分子的分布并不均匀，有的地方聚满了细长的纤维素分子，有的地方则相对稀疏。纤维素分子相对稀疏的地方便是平时棉衬衫容易起皱的地方。

刚洗完衬衫的时候，水分子会渗透到衬衫的丝线内，使丝线中的纤维素分子链断裂。这样，衬衫上的褶皱似乎就消失了。但是，当我们把衬衫晾干之后，会发现上面的褶皱又回来了。如果我们使丝线中稀疏相间的纤维素分子发生化学结合，那么，这些地方便很难再起皱褶。

小分子的甲醛[1] 就是一种可以用于上述化学结合的物质。当我们使用含有甲醛的蒸汽熨斗喷熨衬衫之后，衬衫中的纤维会变得十分紧密，可以牢牢地固住纤维素分子。这样，即便衬衫起了皱褶，只要简单清洗一下，便能恢复到原来的样子。于是无论我们怎么重复清洗，它都不会发生变形。

这里介绍的方法被称为「交联」。

● 形状记忆衬衫的原理

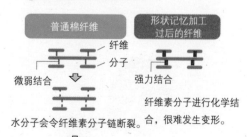

普通棉纤维 · 形状记忆加工过后的纤维

纤维分子

微弱结合 · 强力结合

水分子会令纤维素分子链断裂。

纤维素分子进行化学结合，很难发生变形。

晾干之后，纤维素分子分布稀疏的地方会起皱褶。

[1] 甲醛是一种结构最简单的醛。碳原子有四条共价键，其中两条与氧原子结合，另两条分别与氢原子结合。

为什么口红很难洗掉？

口红一旦沾到衬衫上可就麻烦了，

为什么口红很难洗掉？我们该如何处理？

口红的颜色来自于色素分子[1]。我们只要在口红里面添加一种既能锁住色素分子，又能使嘴唇充分上色的特殊高分子化合物，口红便不再容易从嘴唇上脱落。

口红的成分中，除了色素和高分子化合物以外，还包括挥发性油脂、滋养成分以及保湿剂。当口红被涂抹在嘴唇上之后，口红中的油脂便会立马挥发、消散。这时，高分子化合物会相互结合在一起形成网状物来锁住色素分子。而滋养成分会从这些网的缝隙渗出来，覆盖在口红的表层。如此一来，口红便很难掉色了。

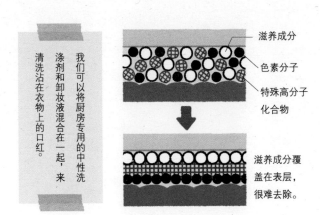

我们可以将厨房专用的中性洗涤剂和卸妆液混合在一起，来清洗沾在衣物上的口红。

滋养成分
色素分子
特殊高分子化合物

滋养成分覆盖在表层，很难去除。

[1] 色素有很多种，比如植物的叶绿素（绿色）、血液的血红蛋白（红色）等。

白领丽人的烦恼之源：长筒袜为什么会脱丝？

长筒袜是由丝线交错编织而成的。一旦长筒袜的丝线不小心被指甲之类的东西钩断，破洞便会从断线的地方开始逐渐扩大，这就是我们平时所说的脱丝。通常，只有丝线编织密实的长筒袜才不容易脱丝——因为丝线之间紧密交织，所以即使有丝线被钩断了，破洞也不会顺势变大。

据说，很早以前的长筒袜都是用蚕丝制作的。女人们买了昂贵的蚕丝长筒袜，穿起来格外小心，有时候还要进行仔细的修补。后来，也出现过用棉、毛、麻等天然纤维生产的长筒袜。这类长筒袜虽然很便宜，但是一看就没有蚕丝长筒袜档次高。

在外形上，长筒袜首先从后侧接缝式发展到了无缝一体式。但是，无论袜子是否有接缝，这些都依然是只包裹腿部的长筒袜。随后，人们又发明了一种无缝式连裤袜。它囊括了衣服的两大基本功能：臀部可以当作内裤遮蔽身体，腿部可以美腿。这才是具有划时代意义的发明。

在长筒袜升级到连裤袜的发明过程中有一位功臣，那就是"尼龙"。

尼龙是一种高分子化合物，它的分子量在一万以上。像这样的分子量大的分子，我们称之为"高分子"或者"大分子"。高分子可分为两类：棉、羊毛、丝、动物皮、木材等天然物质叫作"天然高分子"；尼龙、聚氯乙烯（PVC）等人工制造的物质叫作"合成高分子"。

世界上最早成功研发合成纤维的是美国杜邦公司的卡罗瑟斯[1]。卡罗瑟斯于 1935 年成功研发了合成纤维之后，杜邦公司 1938 年便公布了尼龙材料。正是这种尼龙材料使连裤袜更加结实、美观。

近年来，合成纤维的需求量增长到了大约 5700 万吨。与之相对的是，天然纤维的需求量减少到了 2500 万吨。

● **长筒袜的网眼**

容易脱丝的长筒袜

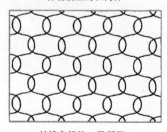

丝线交织处一旦断开，
破洞会顺势扩大。

不易脱丝的长筒袜

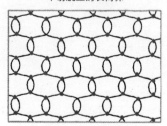

丝线交织处被加固了，
所以即使丝线断了也很难发生脱丝。

[1] 德国化学家施陶丁格发现棉、丝、木材等是高分子物质。卡罗瑟斯对施陶丁格的这项发现极为感兴趣，
  并在此基础上成功地研发了尼龙。

为什么菜刀能轻易地切开坚硬的食材？

如今，我们在超市看到的菜刀[1]基本都是不锈钢或者陶瓷材质的。但是，像切菜刀、厚刃尖菜刀这些老式菜刀都是用铁制成的，确切地讲是合金。因为我们很难使用元素符号为 Fe 的纯铁来生产菜刀，就算铸造出来了，也会因为材质太软而无法将其作为刀具来使用。

所以，通常我们所说的"铁"除了铁元素以外，还包含了很多其他各类元素。

其中，碳元素对铁的性质界定起到了十分重要的作用。根据碳含量的不同，我们可将铁分为纯铁、钢（碳含量 0.03% ~ 1.7%）、生铁（碳含量 1.7% 以上）。一般情况下，我们将钢和生铁统称为"钢铁"。碳元素的含量高，铁硬而脆；反之，碳元素的含量低，铁的硬度也会随之降低，但是柔韧性却会提高。

为了能够兼顾这两种特性，一般是将硬质的钢和柔软坚韧的铁熔在一起，然后叮叮咚咚地敲打冶炼。在冶炼的过程中，还会利用"淬火"和"回火"两种方法来进行锻造，以增强钢的特性。

铁的原子排列方式（结晶）受温度的影响，会随着温度的变化而发生改变。钢的碳含量较高，加热后，内部的碳元素会依次很好地排列在铁元素之间。

待钢冷却之后，碳元素又会回到原来的状态。但

---

[1] 据说，日语中菜刀的说法"包丁"，出自《庄子·养生主》一文中的"庖丁解牛"。庖丁解牛讲述了庖丁用精湛的技术宰杀牛的故事，"庖丁"指在厨房工作的人。

是，如果在给钢加热之后，我们突然用水或者油等物质使其骤然冷却，那么内部的碳元素便无法再回到原来的状态，其排列形状就此被固定。钢将变成一种包裹着碳元素的硬质钢。这就是钢经过淬火加工后的状态。

当淬火加工过的钢被加热至 400 ~ 600℃时，铁元素和碳元素的排列方式又会发生改变。等它慢慢冷却后，便成了柔软坚韧的钢。这种工艺就是"回火"。

刀棱两侧都有刀刃的叫作双刃，只有单侧有刀刃的叫作单刃。

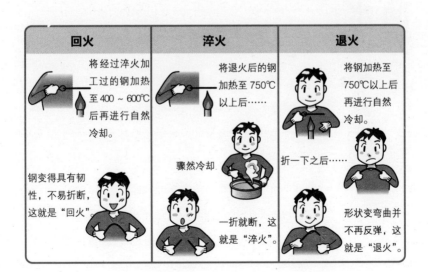

回火	淬火	退火
将经过淬火加工过的钢加热至 400 ~ 600℃后再进行自然冷却。	将退火后的钢加热至 750℃以上后……	将钢加热至 750℃以上后再进行自然冷却。
钢变得具有韧性，不易折断，这就是"回火"。	骤然冷却 一折就断，这就是"淬火"。	折一下之后…… 形状变弯曲并不再反弹，这就是"退火"。

为什么水族馆的巨型水槽不会破裂，即便鱼儿撞上去也没问题？

　　水族馆的巨型水槽是使用什么材料、利用什么方法制作而成的呢？比如，日本冲绳县本部町的"美丽海水族馆"内的大水槽，高 8.2 米，宽 22.5 米，厚 0.6 米。这个水槽没有柱子，仅由一块面板构成。这块面板堪称是全世界最大的水槽面板。一般人们很容易认为它是一面镜子，但其实并非如此。这块面板的材质是丙烯酸，属于用石油制造而成的塑料的一种。如果是玻璃的话，根本无法承受水槽中 7500 吨重的水形成的压力，也不会有那么高的透明度。

　　丙烯酸树脂的质量很小，只有玻璃的一半。但是，它的强度却是玻璃的 15 倍，并且可加工性也更高。丙烯酸除了用于制造水族馆水槽的面板，还被广泛地运用于制造飞机的挡风玻璃、店铺的陈列柜、建材、家具、家电、颜料[1]、隐形眼镜及假牙之类的医疗用具。

　　话虽如此，人们利用丙烯酸树脂来制作厚实的面板并非易事。水槽的丙烯酸面板需要使用很多块厚度小于 4 厘米的丙烯酸面板层层叠加而成。而且，并非简单地用胶水将这些丙烯酸板黏结在一起就可以了。如果胶水的折射率与面板的折射率不同，那么光线在穿过面板时就会发生多次偏转。十几张面板黏结在一起之后，便会彻底失去透明度，导致人们看不到面板另一侧的景观。

[1] 丙烯酸颜料是一种利用丙烯酸树脂做胶水的绘画颜料。这种颜料一般都具有水溶性，易干，干燥后具有防水性。

所以，在实际制作水槽面板时人们是这样操作的：首先，在两块面板之间灌入液体丙烯酸，然后再将其加热到接近82℃（在这个温度下，丙烯酸会开始发生变形），促使丙烯酸发生"聚合反应"。我们将构成高分子化合物的单位成分叫作"单体"，将这些单体重复结合构成的高分子叫作"聚合物"。从单体变为聚合物的反应就是我们这里讲到的"聚合反应"。

聚合反应顺利进行后，两块面板便会在分子层面形成一体。如此重复操作，将多块面板叠合之后，便可以制成厚度为0.6米的水槽面板了。

> 玻璃厚度一旦增加就会泛绿，但是丙烯酸不同，无论厚度多大，它都依然是透明的。另外，它还具有在相对低温的条件下进行再加工的特性。

● 合成高分子的种类

高分子化合物	有机高分子化合物	无机高分子化合物
天然	淀粉、纤维素、蛋白质、天然橡胶、天然树脂（琥珀等） [半合成高纤维] 硝化纤维素	二氧化硅（水晶、石英）、石棉、云母、长石、氟化物玻璃（非晶态固体）
合成	[合成纤维] 尼龙、涤纶、丙烯酸纤维 [合成树脂] 丙烯酸树脂、聚苯乙烯、聚乙烯、聚氯乙烯等 [合成橡胶] 聚丁二烯、聚异戊二烯、聚氯丁二烯	合成沸石、硅树脂

窗外的景色清晰可见，为什么平板玻璃是透明的呢？

为什么用于制造玻璃窗的平板玻璃是透明的呢？仔细想来，这还真是一个谜团。

通常来讲，物质都是由原子构成的。当物质从固体的状态熔化变成液体的时候，其内部的原子排列会散乱。当物质冷却凝固之后，其内部的原子又会开始规则地排列，并形成结晶。但是，世界上并非只有这样的物质。

还有一类物质，它们即便冷却凝固后，其内部的原子排列依然是散乱的。比如，硅和硼的氧化物、氧化盐就属于这一类物质。因此，玻璃在冷却之后，只凝固，不结晶。

窗外透射进来的光线在遇到铁等不透光的物质时，会被捕获而无法穿透。因为在铁的内部，原子排列十分规则，处于结晶的状态，同时还具有强大的力场维持这种状态，所以光线无法从中穿透。关于这种现象，我们从量子化学的角度可以进行如下解释：电子处于能级的下位，它会挡住并激发光线，不让光线逃跑、穿透。所谓的"激发"，是指原子和分子从外界接收能量而进入拥有更高能级的状态（激发态）。

与铁相反，玻璃不会遮挡光线，能够让光线直接从中穿透，是因为玻璃内部的原子没有形成结晶。所以，玻璃可以透光，看起来是透明的。

下面，我们稍作一下内容拓展。据说大约 5000 年以前，人们在美索不达米亚的湖滨沙滩上点篝火[1]时发现了玻璃。而距今大约2000年的时候，人类又发明了玻璃吹制的技术。从此，玻璃更容易大量生产，更实用化了。

但是，直到 20 世纪中叶，人类才学会了制作现在这样完全平整的平板玻璃。这个时间倒是晚得有些令人意外。

平板玻璃的做法如下：将锡等低熔点的金属熔化后放入坚实的窑池里，再加入熔融的玻璃液。

● **平板玻璃出炉前**

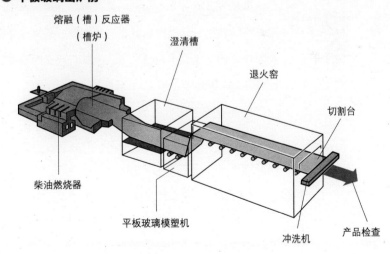

[1] 篝火燃烧时，火堆中会流出一种类似水的物质，即便熄火之后也依然会有残留。这是一种由湖水中含有的碳酸钠和砂石中含有的硅砂一起受火焰加热熔化而产生的物质。

为什么洗衣用的柔顺剂也会散发出芳香剂的味道？

芳香剂和除臭剂合二为一的产品，在使用的时候芳香四溢，并不会因为含有除臭剂而影响了清香的散发。这真是太不可思议了！

那么，我们就从除臭剂入手来看一下这类产品的生产原理吧。这类产品不是依靠往空气中喷入大量的芳香物质，用掩盖的方式来除臭，而是通过减少空气中的恶臭分子来达到除臭的目的。这种除臭方式，具体包含以下两种方法。

一种方法是利用活性炭、沸石等矿物，以及带有众多小孔的物质来吸附恶臭分子。通常冰箱中使用的除臭剂就是属于这类吸附型的产品。

在这里，非常关键的一件事情是：如何确保产品中散发芳香的分子不会被一并吸附掉？关于这个问题，我们利用了分子性质各不同的特性。恶臭分子中含量较高的是氮原子和硫原子，所以它们很容易被活性炭等物质吸附走。

而芳香分子中含量较高的是橘子皮中含有的苧烯、树木产生的树脂等萜类物质，它们是类似于石油成分的碳氢化合物分子。

另一种方法是利用化学反应使恶臭分子回归到空气中。这里所说的化学反应可以有很多种形式。比如，酸碱中和、金属离子和含硫化合物之间的化学反应、氧化还原反应等。

　　比如，厕所中散发的恶臭气味大多是来自硫化氢和甲硫醇等含有硫原子的物质。这些分子与铜、铁、锌等离子发生反应后会变成硫化物；在遇到氯化物后会发生氧化作用，变成无臭物质。除臭剂便是依据这些化学反应的原理生产而成的。

　　但是，散发芳香的萜类等的分子几乎不会发生类似化学反应。所以，除臭剂可以做到只去除臭味，而它的芳香依然四溢，丝毫不会因此而消减。

恶臭提醒人们有腐败臭味等危险存在[1]，而芳香则使人心情愉悦。

● **除臭剂的原理**

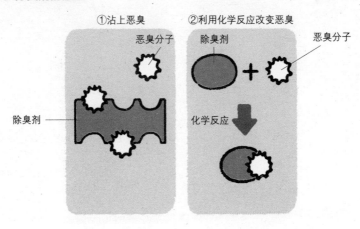

①沾上恶臭　　　　②利用化学反应改变恶臭

恶臭分子　　除臭剂　　恶臭分子

除臭剂

化学反应

[1] 有一些哺乳动物为了躲避恐龙而变成了夜行动物，它们的祖先嗅觉比视觉更为发达。

冰镇之后口味更佳！为什么杯子上会渗出水滴？

众所周知，装有冰水的杯子外壁上经常会渗出水滴。这是因为杯子周围的水蒸气发生剧烈运动，遇到冰凉的杯子外壁因冷却而发生凝结[1]，变成了液态的水。玻璃杯子肉眼看起来好像很光滑，但实际上表面会有一些细微的凹凸。这些凹凸之处便是非常适合水蒸气发生液化的地方。

我们平时如果留意观察一下装有冰块的杯子，一定会看到杯子上凝结出水滴的瞬间。一开始，我们会看到杯子周围有雾气在流动。这种现象是杯子周围的空气温度下降，使得空气的折射率发生了变化而引起的。接着，我们再试着背光而坐，来观察一下这种气体的流动，将会看到水蒸气在杯子外壁上变成了水滴。

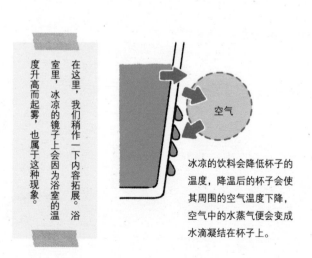

在这里，我们稍作一下内容拓展。浴室里，冰凉的镜子上会因为浴室的温度升高而起雾，也属于这种现象。

空气

冰凉的饮料会降低杯子的温度，降温后的杯子会使其周围的空气温度下降，空气中的水蒸气便会变成水滴凝结在杯子上。

[1] 天上的云朵也是因这种凝结现象而产生的。大气中的水蒸气围绕空气中的浮游细尘和离子发生凝结形成水滴或冰晶，它们聚集在一起便成为云朵。

了解家电及其技术原理！

如今我们在家里也能享受3D效果了！

为什么图像看起来是三维立体的？

人的肉眼能够获取立体的影像是因为我们的左右眼之间存在着"视差"。我们将食指放在双眼正前方的中心位置，首先闭上左眼看食指，然后再闭上右眼看食指，会发现两次看到的食指位置不同。这种现象就叫作"双眼视差"。人的大脑会将这种左右眼产生的偏差处理为深度感和立体感。

3D电影就是利用双眼视差使原本二维平面的屏幕影像看起来呈现三维立体效果。这时，我们必须要戴上3D眼镜。3D眼镜的两块镜片上有不同的滤光片，这样可以使我们双眼看到的影像出现视差，最终呈现出立体的效果。目前常见的类型有："色差式""偏振式""（主动）快门式"。

"色差式"的原理是利用分色成像。3D眼镜上的彩色滤光片会将可见光波段的红（R）、绿（G）、蓝（B）三基色进行区分，然后再将影像传送给我们的左右眼。一般较为常见的红蓝有色镜片眼镜就是属于这一原始类型。

"偏振式"的原理是利用偏振片过滤成像。3D眼镜上的滤光片会过滤光波，只有定向振动的光波才能够穿透镜片传送影像。这样的滤光片分为两大类：一种是"纵向光偏振片"，只有朝着特定角度传播的光线才能穿透[1]；另一种是"横向光偏振片"，只有朝着固

---

[1] 钓鱼用的偏光镜运用的就是纵向光偏振片过滤不定向光线的原理。所以，偏光镜能够过滤掉水面上的不规则反射光，帮助人们看到水下的景象。

定旋转方向进行螺旋状传播的光线才能穿透。

　　"（主动）快门式"的原理是在 3D 眼镜中内置液晶快门，通过左右交替切换电影的图像，使右眼看到专门为右眼设计的影像，左眼看到专门为左眼设计的影像。

　　大部分人应该都曾经在课堂上利用红蓝玻璃纸制成的眼镜做过实验。

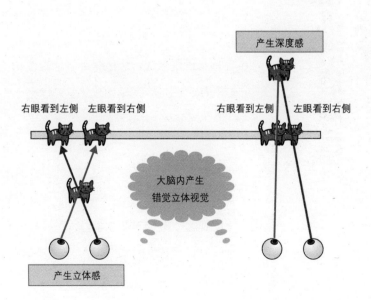

胶片相机和数码相机琳琅满目，它们为什么可以拍照？

胶片相机的原理是利用光化学反应，即当物质吸收了光而发生的化学反应。胶卷是将溴化银微粒弥散于溶有明胶的液体中制成乳液，再涂到塑料膜上而制成的。光线进入相机的镜头之后，会透射到胶片上使其感光。我们只要再使用一下显影液，便可以使胶片上呈现出黑色的影像了。但是，如果不能良好地控制这一还原反应的过程，就容易导致胶片整体变黑。因此，我们需要掌握好时机，及时地将胶卷放入定影液中阻止反应继续进行。剩下的溴化银通过与硫代硫酸钠的水溶液发生的反应消失之后，胶片便成像了。最后，我们再利用化学反应，将胶片上的图像冲印到相纸上。

而数码相机则不同，它是利用一种叫作CCD[1]（charged coupled device）的图像传感器进行感光并成像的。CCD的半导体由小单位的元件汇集而成，每一组都由红、绿、蓝三种颜色构成。当光照射到元件上时，元件会将光线转变成电荷积蓄起来，具体的转变状况依光的颜色和明暗而定。然后，积蓄的电荷再一并传输给垂直的CCD自动记录器。如果将电荷传输给水平的CCD自动记录器，那么电荷便会转换成电压，使电压变大。

在 CMOS[2]（complementary metal-oxide-

---

[1] CCD，中文叫"电荷耦合器件"，是由美国贝尔实验室的威拉德·博伊尔和乔治·史密斯于1969年发明的。

[2] 日本电机厂家的目标从"超越胶片"升级到了"超越人眼"，它们正在开发使用CMOS工艺的相机。

semiconductor) 传感器中，积蓄的电荷会根据像素依次转换成电压，使电压变大。通过像素选择开关的开启与关闭将电荷逐行传输给垂直信号器。这样，在去除像素间零散噪点的同时还可以进行临时存储。存储起来的电压，再通过像素选择开关的开启与关闭来逐列传输给水平信号器。

　　5.43 亿年前,生命起源最初期的"眼睛"引发了"寒武纪生命大爆发"。直到出现了人类的眼睛，"眼睛"才进化到了相机眼。

　　　　CMOS 图像传感器耗电少、价位低，所以在人们克服了技术困难之后，被广泛地运用于制造手机、相机等。

● **CCD 的构造**

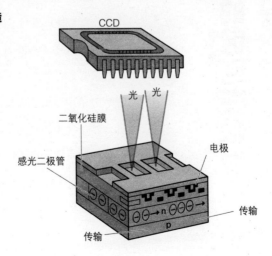

液晶电视和等离子电视的区别在哪里，为什么它们能显示影像？

如今，液晶电视和等离子电视已经十分普及，完全取代了曾经的主流电视机显像管电视。不过，它们的成像原理却各有不同。

液晶电视是由滤色器、液晶屏面板[1]、背光源等部件构成的。液晶屏面板是显示器的主要部件，它的结构原理是这样的：液晶屏面板的两块玻璃基板之间装有液晶，当玻璃基板的外侧贴上偏光片之后，光线的行进方向便可与液晶分子的排列方向保持一致了。但是，当施加电压后，液晶分子的排列方向会发生改变。液晶屏面板就像是窗户上的遮光帘一样，既可以让背光源的光线进入，也可以阻拦背光源的光线，并通过控制光线的透射方向来帮助电视机成像。还有，液晶自身不会发光，所以液晶电视是将背光源作为光源，再借助滤色器来显示颜色。

相比之下，等离子电视的工作原理更简单一点。通俗地讲，它跟日光灯的原理有些相似。我们可以简单地将它理解为是很多个能够显现红绿蓝三原色的小日光灯的集合体。发光体被涂层切分成了一个个细小的点。就是这些发光体构成了带有电极的玻璃面。所以，发光体越多，电视机的显示屏越大。

带涂层的发光体上设有极小的缝隙，里面封存着氙气和氖气。当高压电通过的时候，会使等离子区放

---

[1] 液晶这种物质既有流动的液体的性质，也有固体的性质，可以通过电压来改变液晶分子的排列。

电，并产生紫外线，这样便可以刺激发光体，使其成像。

如前所述，液晶电视是以背光源作为光源的。而等离子电视则不同，它是通过放电来带动发光体发光，以产生具有立体感的鲜艳的高清画面；同时，又因为电视机的屏幕大视野广，所以从侧面也能清晰地看到电视机的影像。

显像管的工作原理是利用荧光现象，即利用高压电通过时产生的电子打到荧光屏上，来产生光点。

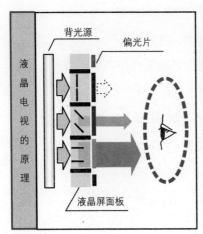

液晶电视的原理

背光源　偏光片

液晶屏面板

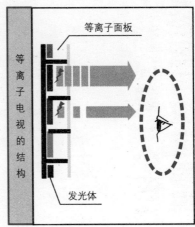

等离子电视的结构

等离子面板

发光体

不管是电视还是DVD，都只要一个遥控器就可以搞定！为什么遥控器可以远程操控？

在如今的时代，不仅电视机和空调等家用电器可以远程操控，就连房间的电灯都已经实现了这一点。当然，我们在进行远程操控时有一样东西必不可少，那就是遥控器。

诸如电视机这样受远程操控的电器中，内置有遥控信号接收器。按下遥控器的按键，信号接收器便会收到遥控器发出的遥控命令信号。这个信号是通过我们肉眼无法看到的红外线来传送的。说起红外线，可能很多人会联想到发着红光的电暖炉。电暖炉产生的这种红色光属于远红外线。而遥控器发出的是近红外线，属于一种短波电磁波。

遥控器中装有用于发射红外线的发光二极管和用于传送信号的集成电路。遥控器作为信号的发送者，它的每一个按键中都设置有遥控器编码，这些编码数据被记录在接收信号的电器的存储器中。这样，电器便可以根据按键发出的信号开启相应的功能。

当我们按下遥控器的按键后，信号就会通过红外线被传送出去。电器中内置的元件光电二极管[1]会接收、解读这种信号，并根据信号指示来开启相应的功能，比如打开电源、切断电源、更换频道、升高温度、降低温度等。

每一台家电都有对应的遥控器。为什么遥控器只

---

[1] 光电二极管是一种接收红外线、将光信号转换成电信号的元件，它的原理和发光二极管恰好相反。所谓的二极管，是指具有两个电极的装置，如今的二极管主要由半导体组成。

能一一对应使用？这是因为机器不同，红外线的信号（编码）也不同。

　　日本所有厂家的遥控器编码号是由一般财团法人家电协会来决定的。并且，为了防止产品编码被复制盗窃，各个厂家之间会相互监管。所以，即便我们同时操作多个遥控器，室内红外线乱飞，也不会因为操作失误而陷入混乱。

遥控器的原理是利用波长较短的近红外线发出信号，再由光电二极管来接收信号，再将信号转换成相应的命令。

● **远程操控的原理**

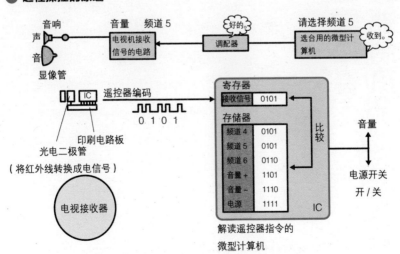

解读遥控器指令的
微型计算机

有了空调，一年都能四季如春！
为什么空调既能制冷又能制热？

空调无论是用于制冷还是制热，都是依据同一个原理设计的。具体地说，就是利用了"液体在蒸发变成气体时，会从周围吸收大量的热量，从而使周围温度降低"这一原理。

液体从外界吸收了热量之后，液体中自由分散的分子会突然开始剧烈运动，继而脱离液体表面飞到空中，最终使液体变成气体。这些被液体吸收的热量我们称之为"汽化热"（也叫蒸发热）。比如，我们在打针的时候，身上涂有消毒酒精的地方会感到一丝冰凉，这是因为酒精在挥发时，吸收走了我们皮肤上的热量。

空调中能有效带动这种热循环的液体叫作制冷剂。过去，制冷剂的原料主要是氟利昂。在热循环过程中，热量并不会消失，只是不断在进行转换。制冷剂的主要作用是辅助热量传递，而空调则是调配这种功能的机器。

气体在受到压缩冷却时很容易变成液体。因此，空调在工作的时候，首先利用压缩机使制冷剂形成高温高压的气体，再经冷凝处理，促使制冷剂变成液体，同时释放热量。其次，液体状态的制冷剂再通过低压装置转换到低温低压的环境下，这时制冷剂会汽化，同时吸收大量热量（汽化热）。制冷剂就这样在空调的内部不断进行着气体与液体之间的转换。这个过程中空调内置的风扇会将室内的空气吹过空调内部，变成冷空气或暖空气，再吹送回室内。

因为制冷剂的热循环过程是双向的，所以我们的空调可以随意切换制冷和制热两种模式。空调在制冷模式时会吸走室内的热量，再经空调外机将热量释放出去；而制热模式下则恰好相反，是吸收室外的热量并将其传送到室内。

近年来，空调中引入了一种叫作逆变器[1]的系统，可以让我们更加自由地控制压缩机电动机的转速。这个系统的引入，使空调实现了全面升级。所以，现在的空调不仅性能提高了，温度可调控，还使全年都可使用成为现实。

空调与冰箱的原理十分相似。只是空调处在制热模式时，制冷剂的运作过程恰好是与冰箱相反的。

● **制冷制热的循环过程**

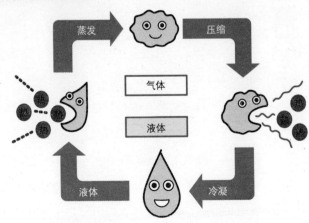

[1] 逆变器能够将直流电转换成交流电，控制电流的频率。

为什么冰箱能够冷藏食物？

冰箱是夏季储存食物的必需品！

冰箱的原理和空调相似，通过液体与气体之间的循环，可以半永久性地持续进行制冷。首先，通过冰箱压缩机的工作，对制冷剂进行压缩，这时制冷剂的温度大约在80℃。在冰箱的内侧装有一种叫作冷凝器的散热器，制冷剂在经过冷凝器后，会冷却到40℃左右而凝结为液体，同时放出热量。

液态制冷剂流经毛细管再次受到冷却，它的压力因受到管壁的阻力而下降，继而流向冰箱内置的蒸发器内。由于压力下降，液态制冷剂变得十分容易汽化，所以它一旦流入蒸发器，便会立马开始急剧膨胀变成气体，同时吸走大量的热量，从而降低了冰箱内的温度。

就这样，通过制冷剂在压缩、冷凝、蒸发之间不断地循环，冰箱内便可以一直保持低温的状态。

过去，人们主要利用氟利昂来做制冷剂。氟利昂的优点是：它是一种人工合成的物质，容易液化，对人体的毒害也较小。

但是，后来人们发现氟利昂会破坏大气臭氧层，于是开始全面停止使用破坏力较强的"特定氟利昂"作为冰箱制冷剂，改为使用破坏力较小的氟利昂替代物。氟利昂是引发地球温室效应的主要因素，所以如何回收和处理氟利昂成为亟待人们解决的问题。

如今，使用异丁烷作为制冷剂的无氟冰箱已经十分普及。这种制冷剂既不会破坏大气臭氧层，同时它的全球增温潜势[1]与二氧化碳相差无几，所以它比氟利昂替代物更为环保。

冰箱的原理是利用液体蒸发变成气体时会吸收周围热量的特点，通过使用制冷剂来人为地实现制冷。

冷凝器

将制冷剂冷却至40℃左右，
制冷剂随之变成液体。

毛细管

是非常细的一条管道，
制冷剂流经该管后再次被冷却。

蒸发器

制冷剂在这里蒸发，
从周围空气中吸走汽化热。

压缩机

制冷剂在这里被压缩。
压缩后的制冷剂会成为80℃左右的气体。

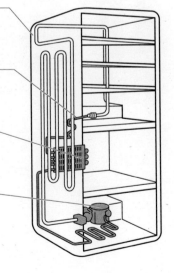

[1] 全球增温潜势是衡量温室气体增温能力的指标，是一个以二氧化碳为基准的比值。

微波炉没有火也可以烹饪！
为什么微波炉能够加热？

微波炉是一种利用微波来加热食物的灶具。它作为一种发射微波的装置，内有一种带有磁场的二极管，即磁控管。

磁控管阴极发射的电子在磁场作用下会绕着阴极一边旋转一边振动，不会再跑到阳极周围去。这种振动会带动阳极的电子发生共振。微波就是在这个过程中产生的。然后，磁控管内产生的微波再经由波导管传递给微波炉内放置的食物。

多数食物都含有水分，而微波恰好最擅长给水分子加热。我们都知道，水分子具有正负两极[1]，两极的分子在经微波照射后会开始振动旋转，振动速度可高达每秒 24 亿次左右。

如同人在进行剧烈运动后体温会升高一样，水分子的高速振动会促使食物的温度变高。这种加热方法叫作"介电加热"。一般来讲，用微波炉进行烹饪不需要加水，并且能够在短时间内完成，所以食物中多种不耐高温的维生素和水分的损耗相对较少。

但是，微波对食物的照射并不均衡，因为微波跟激光一样是笔直前进的。由于产生微波的磁控管被固定在一个地方，因而微波炉内的某个地方会始终处于辐射区域之外。一些微波炉的正中间设置了可以旋转的转盘，就是为了使微波能够辐射到所有食物上，避

[1] 水分子中氧原子的电负性（即吸收共价电子对的能力）很强，带一点负电。氢原子的电负性比氧原子弱，带一点正电。

免加热不均衡。

　　微波对人体有害。所以，在微波炉的门上通常都装有金属网格来屏蔽微波，以防泄漏。由于网格的洞眼尺寸比微波的波长要小，所以微波无法从中穿过。

　　一般烹饪灶具可分为直接加热和间接加热两种类型。微波炉（电磁烹饪灶具）属于直接加热型，而电烤箱属于间接加热型。

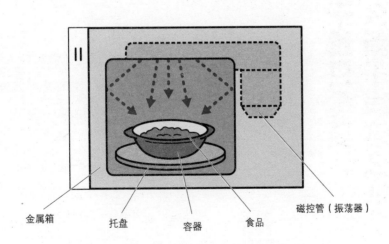

金属箱　　托盘　　容器　　食品　　磁控管（振荡器）

微波炉的工作原理是利用磁控管中发射的电磁波直接给金属箱中的食物加热。

从东京到大阪坐新干线只需要两个半小时！为什么新干线这么快？

日本东海道新干线自 1964 年开始运营以来，一直都在不停地发展和升级。如今，东北新干线"隼"号（Hayabusa）的最高时速可达 320 千米，而"在来线"（指新干线以外的所有日本国内铁道路线）的最高时速只有 130 千米。为什么新干线能够跑得这么快呢？

新干线的行驶速度如此之快有其自己的秘密。首先，新干线的车辆驱动是分散安装的。普通列车只有车头部分装有驱动，由车头来牵引带动车身行驶。而新干线则不然，它不仅车头装有驱动，在客舱的某个部位也装有驱动。当多节车厢都装有驱动时，自然就比较容易提速。

不仅如此，新干线还成功地减轻了车厢的重量。为了使列车可以快速行驶，减轻轴重是非常重要的一步。所谓的轴重，就是新干线轨道的负重。最早投入运营的新干线的轴重有 15 吨，如今研发使用铝合金[1]车厢之后，新干线的轴重已减轻到了 11 吨。

其次，拓宽两条铁轨之间的距离能够使车辆行驶更加稳定，列车在这种情况下更加容易提速。在日本有两种轨距，"在来线"的轨距是 1.067 米，而新干线的轨距稍宽一些，有 1.435 米。

除此之外，新干线独特的流线型车头既美观又独特，在提速中也发挥了一定的作用。众所周知，空气

---

[1] 这是一种以铝为主要成分的合金。因为纯铝既轻又软，所以人们通过添加铜、锰等元素制成合金来提高金属的强度。

阻力与速度成正比，车速越快，空气阻力便越大。所以，人们为了减小空气阻力，提高列车速度，将车头设计成了尖尖的形状。

　　一般情况下，列车的行驶时速如果超过 200 千米，那么列车受到的离心力也会随之增大。为了防止列车在拐弯时脱轨，目前有两种解决对策。第一种对策是尽量多设直线轨道，少设弯曲的轨道。第二种对策是将拐弯地段的左右轨设置出高低差。

　　　　JR 东日本还在进一步研究如何将新干线速度提高到 360 千米/小时。

● **新干线行驶速度快的原因**

轨道较宽

1.435 米

∨

"在来线" 1.067 米

流线型

减小空气阻力

为什么电池能够储电？

电池是防灾必需品！

电脑、手机、数码相机、电子表等我们日常生活中必需的电器产品大多数都是靠电池运转的。因为有了电池，不需要连接电源也可以使用这些电器产品，才能让我们外出时也可以随身携带使用。

电池一般可以分为两大类。其中一类是物理电池，其工作原理有些类似于太阳能发电，是将光、热等自然能量转化为电能；另一类则是利用物质间化学反应的化学电池。化学电池还可以再细分成三种类型：1.干电池之类的一次电池（原电池）；2.汽车电池之类的充电电池；3.类似发电装置的燃料电池。通常我们所说的"电池"指的是一次电池和充电电池。

在这里，通过一个模拟电池简单地给大家介绍一下电池的制作方法。首先，将柠檬对半切开，一分为二。然后，把接有测试仪的十日元硬币和一日元硬币分别插入柠檬的两半里面，我们就会发现测试仪的指针动了。我们都知道，电池是由两种不同属性的金属和带导电性的电解液[1]组合而成的。在这里我们是将十日元硬币（铜）作为正极，一日元硬币（铝）作为负极[2]，柠檬汁作为电解液。

一般来讲，构成电池两极的两种金属的性质不能相同，需要其中一种易被氧化成离子后溶于电解液，而另一种则不易被氧化。这里制作的柠檬电池中，铝

[1] 电解液是指能够溶解离子的水溶液。

[2] 日本的货币中，十日元的硬币是由铜做成的，而一日元的硬币则是由铝做成的。——译者注

（一日元硬币）比铜（十日元硬币）更易被氧化成离子。接上电线后，铝原子会释放出电子，变为离子溶于电解液，而溶液中的电子会形成电流。持续放电后，易被氧化的金属不断地释放出电子，变成可溶性离子，最终完全溶解在电解液中，不再发生反应。对一次电池来说，这就算是完成它的使命了。但如果是二次电池（即充电电池），它会因外接电源而改变自身内部电流形成的方向，使正负极交换来进行充电，以此让电池恢复到原来的状态。

最新研发出的一种新型高浓度电解液能够让锂离子电池在高压下进行快速充电，这项发明颠覆了以往"高浓度液体不适合做电解液"的说法。

● 柠檬电池的模式图

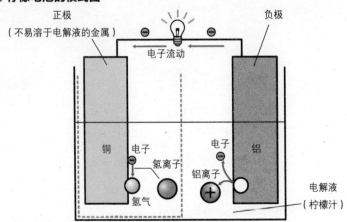

为什么汽车导航仪能进行汽车定位？

汽车导航仪原本是美国为了军事目的而开发的一项全球定位系统，是一项利用人造卫星进行定位的技术。

人造卫星中载有原子钟，能够向地面发送极为精确的定位信息。它的原理是根据原子钟授时信号到达的时差来计算出卫星与汽车导航仪之间的距离[1]，进而确定汽车的位置。

但是，若仅仅依据时差信息的话，很容易因为建筑物等的影响而出现偏差，不够精准。所以，汽车导航仪还会将这些数据与它内置的地图进行对照，以帮助我们准确地掌握汽车在道路上的位置。

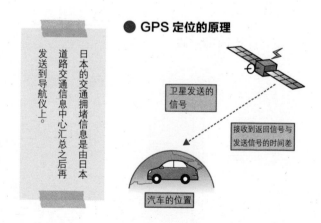

● GPS 定位的原理

日本的交通拥堵信息是由日本道路交通信息中心汇总之后再发送到导航仪上。

卫星发送的信号

接收到返回信号与发送信号的时间差

汽车的位置

[1] 关于原子钟的快慢，近年来出现了一些不同的说法。有的说法认为，根据相对论效应，卫星绕着地球高速运转，会使原子钟变慢；又有的说法认为，地球引力的影响力减弱，会导致原子钟变快。但不管这些说法如何，目前的汽车导航仪已经将这些影响因素考虑在内，做了适当的改进。

走进奇迹般的生命

全世界人共同的烦恼！为什么到处都有虫子？

虫子种类繁多，从我们身边到尚未被开垦的远方，几乎世界上的每一个角落都有虫子。节肢动物包括昆虫、甲壳动物、蜘蛛、蜈蚣等。节肢动物的特征是体表被硬壳覆盖，并正如其名所示，全身由体节构成。虽然节肢动物也包括虾、蟹等海洋生物，但是通常我们称为"虫子"的都是陆地生物。

节肢动物的种类超过 130 万，是动物界中种类最为丰富的一个群体。节肢动物在动物种类中占了 85% 之多。也就是说，全世界的动物中有超过四分之三的动物是节肢动物。如此庞大的数量是如何产生的？

动物的起源可追溯到五亿年前太古时期的汪洋大海。当时，动物要从海洋到陆地是非常困难的一件事。因为动物一旦到了陆地，体内的水分会不断地蒸发，陷入严重的脱水状态。一般情况下，动物体内需要保证有 60% 以上都是水，才能进行生存必需的化学反应。动物身体越小，体内的水分越容易蒸发，尤其是在干燥的日子里，像昆虫大小的身体，不到一分钟便会死亡。

为了适应外界的环境，昆虫等节肢动物的皮肤开始慢慢地进化，最后变成了不透水的外壳。节肢动物的表皮层[1] 是以蛋白质为主要成分的坚韧的外壳，进化后的节肢动物用分泌液覆盖表皮来适应外界的环境。这种分泌液的原形是蜡。这种蜡质与水不相溶，

---

[1] 表皮层是指覆盖在动植物表面的这一层壳。植物的表皮由角质和蜡质构成，可以控制植物的蒸腾作用。这个功能与节肢动物外壳的功能很相似。

起隔水作用。

　　因为节肢动物的皮肤防水，因此回归水中生活依然是可能的。昆虫中能在空中飞翔的种类也很多。在翼龙等会飞的脊椎动物出现之前的 5000 万年左右内，昆虫是唯一能在空中生活的动物。

　　虫子因为进化而越来越强大，种类也越来越多样化，海中、陆地、空中，几乎地球上的每个角落都能见到虫子的身影，动物界进入了空前繁荣的时期。

　　大约在四五亿年以前，继植物之后，昆虫是第一种从海洋进化到了陆地上的动物。昆虫身上出现了不透水的表皮，早早地就适应了陆地环境。

● **昆虫的体表结构**

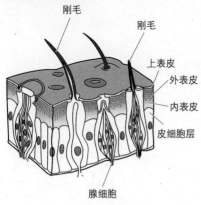

刚毛

刚毛

上表皮
外表皮
内表皮
皮细胞层

腺细胞

由薄薄的上表皮覆盖的表皮层和表皮上附有很多感觉器官和刚毛。
（根据 Bachsbaum 改编）

摘自石川良辅的《昆虫的诞生》
（中央公论社出版）

为什么植物是绿色的？

绿色是养眼的治愈系颜色！

除了红叶季节变色的植物以及某些含有特殊色素的观叶植物之外，所有的植物都是绿色的。

出现这种现象的本质原因在于一种绿色的色素。我们称之为"叶绿素"。它是一种光合作用中必不可少的成分。所谓的光合作用，简单来讲，就是以太阳光作为能量，利用水分及空气中的二氧化碳来生产氧气的过程。生命在地球上诞生之后不久，细胞中便出现了叶绿素。随后，又产生了一种进行光合作用的细菌，叫作蓝细菌。

蓝细菌在海洋中大量繁殖，释放大量的氧气到大气中。很快，海洋里又出现了原始红藻、灰胞藻、原始绿藻等新型海藻。海藻在海洋中二次、三次地重组细胞、繁殖生长，不断地进行着光合作用。产生的氧气释放到大气中，慢慢地在上空积累，形成了一层"保护伞"，即臭氧层[1]。在臭氧层出现以前，地面完全暴露在强烈的紫外线下，而这种紫外线会破坏遗传物质（DNA）。但是，海藻的不断进化，为生物来到陆地上生存铺就了良好的基石。

褐色的海藻生长在海洋深处，而绿色的海藻则生长在浅海区。浅海区的绿藻植物慢慢进化，开始有了根、茎、叶，具备了在陆地生存的条件之后，一点点地从淡水区发展到了陆地。也就是说，因为陆地上最

---

[1] 氧气（O_2）在紫外线照射下会变成臭氧（O_3）。虽然臭氧不稳定，很容易变回氧气，但是因为在平流层不断有紫外线射入，因此又会有一部分氧气变成臭氧。

早的植物颜色是绿色的，所以后来的陆地植物也都是绿色的，都是它们的后代。我们可以知道首先进驻陆地的生物是植物，而以植物为主食的动物是被植物带到陆地上的。

植物在进行光合作用时，会吸收太阳光中蓝色和红色的光，剩下绿色的光。未被吸收的绿色的光会被反射、透射，所以植物的叶子无论从正面还是从反面看起来都是绿色的。

叶绿素的化学构造和动物血液中血红素的化学构造很相似。这说明了动植物在进化最早期是从共同的祖先分化而来的。

日光中红色和蓝色的光被吸收，绿色的光被反射。

一年四季繁花似锦！

植物生长点的功能是维持植物个体的生长。所谓生长点，是指植物根茎的尖端细胞分裂活动十分活跃的地方。

植物有两种生长点。一种是向上生长的，仿佛想要挣脱地球引力；另一种是沿着引力方向向下生长的，仿佛要潜入地球的中心。逆引力作用而生长出来的是茎；顺着引力生长而成的是根。

茎在生长的过程中，生长点会冒出新的器官，那就是"叶子"。根茎是机械性地连续生长的；而叶子的生长则不然，它具有一定的间隔性，离散地排列着出现在茎上，包括内外两侧，整体呈平板状。

根茎和叶子就这样慢慢地生长，然后迎来植物的"青年期"。青年期植物的叶子中含有叶绿体，会不停地进行光合作用。这不仅能促进植物自身的生长，也能够为人类提供生存必不可缺的氧气和碳水化合物。但是，最终植物会停止生长。停止生长后，茎叶的大小和颜色都会发生变化，茎叶本身的性质也会慢慢发生变化。

当植物还处于生长期的时候，生长点的主要功能是利用植物吸收的养分，维持植物生长。一旦植物停止了生长，它便会切换功能，开始帮助植物进行生殖繁衍。我们把生长点变化之后形成的茎叶称为"花"。

1936 年，曾有人提出植物中有一种激素[1]"成花素"（也叫开花激素），能够促进花的形成。但是，这种说法在较长一段时间内都只是一个谜团。直到 21 世纪，人们才终于根据分子遗传学的原理找到了真相。这是一种在植物茎部形成的球状蛋白质。植物中的昼夜节律和光系统会判断昼长，将成花素输送到茎部尖端，促进花蕾的形成。

植物不能自由移动。所以，植物会为了繁殖而分泌花蜜，引诱虫子来帮助自己传粉。花朵就是为此而盛开的。

● **植物的轴性**

剪断蒲公英的根插入花盆中，即使上下插反了，蒲公英也会从原来的茎部长出新芽来。

[1] 植物激素是一种植物体内分泌出的有机物。微量的激素就可以控制植物的生长和各种生理作用。

为什么树木会长大？

绳文杉的树龄已有四千年之久！

植物的生长分为一次生长和二次生长两类。一次生长是指植物茎根部尖端的生长点活跃地进行细胞分裂。通常是顺着引力的方向不断伸长，呈纵向生长。

与之相对应，二次生长是指细胞横向分裂增长，以使植物的茎部和根部更加粗壮。植物体内能够使细胞增大、增殖的养料成分有以下几种：树叶光合作用产生的葡萄糖、从根部输入的水分和无机盐。葡萄糖经由树干较外侧的韧皮部向下输送，而水分和无机盐则经由树干较内侧的边材向上进行输送。这两种上下输送的管道之间有一个细胞分裂较为活跃的部位，叫作"维管形成层"。植物细胞就是在维管形成层不断地分裂、横向增长，繁殖出新的树干细胞。

维管形成层分裂产生的细胞不仅作为母细胞继续繁殖新的细胞，同时还会被输送到树干内外侧，构成树皮和木质部[1]。这里比较关键的是被送往木质部的细胞。这些细胞不会继续分裂，但细胞自身会不断生长，在存活一段时间后停止生长、走向死亡。

其实，在树木的生长过程中，细胞死亡是非常重要的一个环节。树木的细胞一旦死去，就会产生一层数倍厚的细胞壁。这是其他植物中所没有的变化，我们将这种变化称为"木质化"。当植物发生木质化后，细胞壁会变厚，树干会变得更为结实。也正是这个缘

[1] 木质部，是指维管束中运输水分和无机盐的导管和假导管聚集的部位。

故，树木可以经受几百年的风吹雨打而生存下来。

关于树木中细胞的寿命，虽然也有例外存在，但是一般来讲它们的寿命较短，在树木生长的过程中不断地重复着"死亡"，树干就是在多次这样的细胞短暂轮回中不断坚固起来的。

随着树木生长得越来越高大，争夺阳光也会越来越有优势，这样，树木便能长得更粗壮，存活得更久。

树木和草的区别在于：草的维管束不具有形成层，因此不能持续生长变粗，而树的维管束有形成层，树干可以越长越粗。

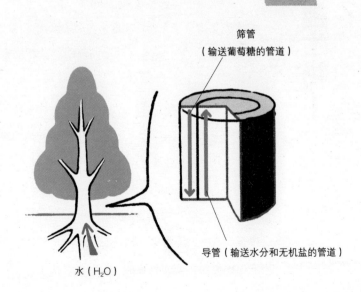

筛管

（输送葡萄糖的管道）

导管（输送水分和无机盐的管道）

水（H_2O）

萤火虫是夏日里的有趣生物！
为什么萤火虫会发光？

每到夏日的夜晚，我们总能在河岸边看到星星点点的萤火虫四处飞舞、闪闪发光。在日本，萤火虫有40多个品种。但是，并非所有的萤火虫都会发光。在日本本土的萤火虫中，只有大约10种会发光。其中，最具代表性的是源氏萤和平家萤。

萤火虫发出的光可分为三种情况：求交配的信号、受到刺激而发光、威吓对方的武器。晚上，我们经常看到发着光四处飞舞的萤火虫，这些一般都是雄性萤火虫。雌性萤火虫多数只老老实实地躲在草丛中发出些微光。不过，偶尔也有雌性萤火虫发出比较显眼的光。这是雌性萤火虫为了引诱雄性萤火虫而发出的。

萤火虫的发光器在靠近屁股的地方。发光器内含有发光物质"萤光素"和促进其发光的发光酶"萤光素酶"[1]。萤火虫就是通过这两种物质的化学反应来发光。

在化学反应的过程中，萤光素酶起着催化剂的作用，萤光素被氧化后会产生一定的能量，这种能量再转化为光被释放出来。

萤光素酶由蛋白质构成，是一种生物体内分泌的、用来加速化学反应的物质。在萤光素酶的作用下，化学反应产生的能量有97%会转化为光。所以，萤火虫发出的光是不带有热量的。而我们熟知的白炽灯，它

---

[1] 萤光素酶是催化生物发光的酶系的总称。它是发光物质的冷水提取物在氧气中发光时，底物萤光素被消耗完后残留下的对热不稳定的高分子成分。

的电能中只有百分之几会转化为光,剩余的能量全都转化为热量。如此一比较,萤火虫的发光效率之高显而易见。

像这样会发光的生物不只有萤火虫。地球上有各种各样的发光生物,比如深海里用光诱捕小鱼的鮟鱇、海洋中一边畅游一边放出艳丽光芒的各种水母等。

萤火虫等生物发出的光属于冷光,基本不带有热量。这种光是发光物质被催化剂氧化后而形成的。

● **萤火虫发光的原理**

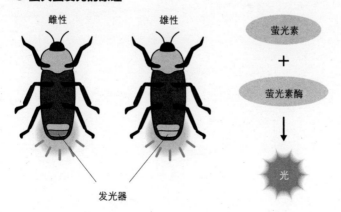

为什么鸡能生很多蛋？

通常我们一提到生物的蛋，大家可能都会联想到新生命的诞生。但是，我们平时餐桌上食用的鸡蛋其实都是"未受精卵"，它们并不能繁衍后代。因为在超市等地方买到的鸡蛋不是"受精卵"，所以我们无论怎么对它加热都不会孵出小鸡来。"未受精卵"就好比是人类女性排出的卵子，只不过母鸡的排卵周期比较短，只有一天左右。并且，母鸡不需要跟公鸡交配便可产下鸡蛋。

另外，母鸡的产卵器官是能够连续产卵的。它就像一个带式输送机，在出口附近蛋已经基本成形，在这之前是只由卵黄和蛋白构成的鸡蛋，再往前则是仅有卵黄的鸡蛋。

据说鸡的原种是栖息在东南亚热带雨林里的红原鸡。一般来讲，野生鸟类产蛋的数量与它的养育能力相匹配，但是产下的蛋若是被蛇等野生动物掠夺走，那么它们还会继续产蛋来填补空缺。因此，被抢走的越多，产的就越多。这是鸟类普遍拥有的习性，而非红原鸡独有的特性。后来，人类发现鸡蛋很美味，于是便利用了鸟类的这种习性，鸡一下蛋就赶紧将蛋取走。

虽说如此，母鸡的产蛋量也是有限度的。如果母鸡的健康状况不好，那么即使它本能地还想下蛋，也下不出来。因此人类开始保护鸡群，使其不受外敌攻击，并给鸡喂营养价值高的饲料，给它们创造良好的生存环境，以保证鸡能够处于良好的健康状态。被人类饲养后的鸡丧失了下蛋后孵化的"就巢性"[1]。这种被人类驯化的鸡可以一年之内每天都下蛋。

人类是从恐龙盛行时代顽强生存下来的哺乳动物的后裔。作为恐龙的"后代"[2]，鸡蛋被人类食用大概也是自然界的天命吧。

● **鸡的产卵器官**

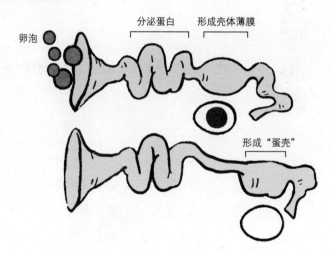

分泌蛋白　形成壳体薄膜

卵泡

形成"蛋壳"

[1] 小鸡在刚孵化后的一段时间内，都会留在巢内由母鸡照看。

[2] 从本质上来讲，母鸡下蛋也算是从恐龙那里遗留下来的一种繁殖形式。这与两栖动物将胶质膜包裹的卵子排在水中进行体外受精来繁殖的方式不同，母鸡属于体内受精，卵本身具有坚硬的外壳。难怪恐龙能成为陆地上的王者。

为什么深海鱼能承受深海的水压？

海洋中，越往深处水压越大。水深每下降 10 米，水压便会增加 1 个大气压。因此，在水深超过 200 米的深海，水压一般超过 20 个大气压。人类是无法承受这种气压的。

纵然如此，在这个深度的水下，依然有很多鱼生存着[1]，甚至有的鱼可以潜到水深一万米以下的地方。为什么这些鱼不会被水压挤扁呢？

普通的鱼体内都长有鱼鳔，鱼通过调节鱼鳔内的空气量来控制在水中的沉浮。但是，深海鱼体内几乎都是水，没有鱼鳔，不存在空气。这就跟装满水的塑料瓶在水中不会被挤坏是一个道理。

据说人类的细胞在四千至五千米深的水中会因水压而变形。

● 海水深度与生物的关系

深度（米）	
0	
200	光线无法照射到的深度，生长在这个深度的植物无法进行光合作用
1000	允许渔业捕鱼的深度
3000	抹香鲸可潜入的深度
4000	人类的细胞会因水压而变形的深度
8300	目前可探测到的有鱼类存在的最深处

[1] 深海生物种类繁多，有萤鱿、鞭冠鱼等我们所熟知的鱼，也有海参、海星等棘皮动物。

为什么西太公鱼在冰层下也不会被冻住？

通常，在结冰的湖面上用钻子开个小洞，便可以垂钓西太公鱼了。为什么西太公鱼可以在冰层下游动，却不会被冰冻住呢？

冰在0℃时的密度比水温为4℃的水的密度要小[1]。因此冰可以浮于水面上，密度比冰大的水则沉入湖底。因此，即便湖面的温度在零下，但是动物们只要沉入湖底便不会因冰冻而死。

这里的关键因素是水分子。水分子在液体中不断地运动着。但是，当温度下降时，水分子运动便会变慢。当温度下降到零下时，水分子形成有序排列，失去在液体状态时的那种运动力。这便是结冰状态。

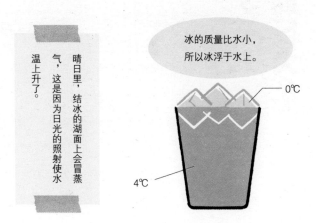

晴日里，结冰的湖面上会冒蒸气，这是因为日光的照射使水温上升了。

冰的质量比水小，所以冰浮于水上。

0℃

4℃

[1] 冰融化时，一方面水分子间氢键缔合形成水分子簇使水密度增大，另一方面温度上升引起的热运动使分子间距离变大从而使水密度减小。这两者在4℃时达到平衡，故此时水密度最大。

恐龙的身体长达三十多米！为什么恐龙的体型如此巨大？

关于"恐龙的体型为何如此庞大"，虽然目前有很多种不同的说法，但其实这是由众多原因混杂在一起而导致的。

首先，恐龙属于爬行动物。相比哺乳动物，爬行动物的免疫力更强，寿命更长。哺乳动物和鸟类的体型基本是固定的，而鱼类、两栖动物、爬行动物则不同，这些动物的身体会一直不停地生长，因此活得越久体型也就越大。

随着体型的变大，身体表面积与体积的比值却是不断减小的，体温也随之升高，因此它们无须用更多的能量去维持体温，如此一来，多余的能量便可用于身体的生长。

其次，据说陆生动物的体重上限在 140 吨左右。据推测，体型最大的地震龙的体重大约有 42 吨。由此可见，恐龙的体型增长并没有什么物理性限制，适宜体型增长的生态环境才是重要因素。

恐龙曾经生存的那个时代，大气中的二氧化碳浓度是现在的 10 倍。这样的环境下，植物的生长也很快。可以说丰富的植物资源也是促使恐龙体型巨大化的一个因素。

植物的营养价值与其生长速度是成反比的，植物生长得越快，每一片叶子所含的营养物质就越少。也就是说，若以生长较快的植物作为主食，恐龙就需要摄入更多的植物。

草食性恐龙在进食时基本是直接吞咽不咀嚼的，吃进去的食物依靠胃石[1]和细菌在肠胃内慢慢被消化。消化大量的植物纤维需要很长的时间，也需要足够大的胃袋。

恐龙的腰身因为肠胃的生长而变粗壮了之后，恐龙的行动受到了很大限制，变得不再那么灵活自如。如此一来，它便需要一个长长的脖子来帮助自己觅食，有了长长的脖子，即便食物距离它很远也依然够得到。为了身体能够得到良好的平衡，恐龙的尾巴也同时发生了进化，变成了如今我们看到的长长的模样。恐龙就是这样随着生存环境一点点进化、变大的吧。

超大陆诞生之后，地球上出现了恐龙。随着超大陆的分裂，恐龙也开始了多样性的进化。

恐龙的四肢必须非常粗壮才能支撑它敦实的身体。但是，四肢的变化也是有限度的，并不能无限制地生长、变壮。事实上，并不存在重达100吨的恐龙。（Benton，1993）

10万千克
（100吨）

1.25万千克
（12.5吨）

100千克

[1] 草食性恐龙的胃石会跟着食物一起咕噜咕噜地转动，将食物碾碎。被磨平棱角的胃石会被吐出来，然后恐龙会再吞入新的石头。

为什么小鸟停在电线上却不会触电？

电线的导体铜丝周围几乎都包裹着绝缘体。但是，小鸟停在电线上不会触电并不只是因为这个。

电压的高低差会形成电流，电荷就像水流一样从电压高的地方流向电压低的地方，这叫作"电势差"。

电势差并不会在同一个地方产生，而是由于不同处的电势不同而产生的。小鸟停在电线上时，双脚都站在同一条电线上，不存在电势差，因此就不会形成电流。如果小鸟的双脚停在不同的电线上，或者与旁边其他的小鸟有接触，那么便会产生电势差，形成电流，导致触电。

要防止触电，有一点很重要，就是不让接触点之间产生电势差。

PART 6

地球、宇宙与化学

了解得越多
越觉得有趣！

地球起初是个大火球?! 为什么会形成地球?

地球在太阳系中与众不同的地方是：天体表面有液态水，即海洋。有冰存在的天体[1]并不罕见，太阳系中有，在整个银河系中也十分常见。

如今，地球是一个较大的天体。而在它形成之前，其实是以无数个小天体的形式存在着的。这些小天体不停地彼此撞击，最后汇集成一个天体，同时释放出势能，使得天体的温度随之升高。

在地球刚形成时，上面到处是翻滚的炽热岩浆。同时，还有一种易挥发的"原始大气层"包裹着地球。这个刚刚出现的地球像火球一般，后来它慢慢地将热量散发到宇宙空间中，一点点地冷却下来。随后，岩浆的表面形成了一层地壳（即洋壳）。原始大气层冷却之后，大气层中所含的水蒸气发生凝结形成雨水，降落到地面上，几千年来的年降水量都多达10米，于是地球上便形成了海洋。一时间，整个地球一片汪洋。一种比较有力的说法是从海底热泉中诞生了生命。但是关于这个问题，还有其他很多不同的说法。

海洋中的水不断地蒸发，在大气中遇冷凝结，形成雨水再回到海洋中，这个过程不断地循环。海洋慢慢地稳定下来之后，地表的环境也随之变得比较稳定。不久，海洋中便出现了原始生命。

又过了一些时间，海洋中的一些原始生命开始利

---

[1]木星的卫星木卫二表面被冰所覆盖，冰层下面隐藏着海洋。土星的卫星土卫二也是如此。由于海底有火山活动发生，所以在这两个卫星上有很大可能会存在微生物。

用来自太阳的能量进行光合作用，产生自身所需的有机物。于是，地球上才出现了生物圈，有了今日海洋上和陆地上生命体遍布的状态。

被大片海洋覆盖的行星若不形成陆壳的话，海水就会因为失控温室效应而全部蒸发。据说，这种情况在金星上发生过。

● **原始地球的形成过程**

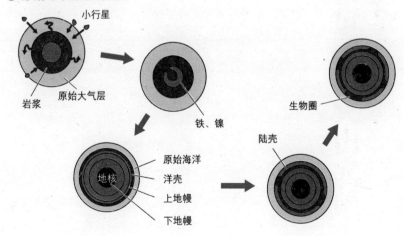

日本是世界上屈指可数的火山大国！

为什么火山会喷发？

火山喷发的实质是地下的岩浆喷出地表。岩浆由富含硅酸盐的黏稠的高温液体和混在液体中的少量结晶所构成。

岩浆是地下深处的地幔岩石熔化后形成的。若将地球比作半熟的鸡蛋，那么地幔就相当于是蛋白部分，而蛋壳则是地壳，蛋黄是地核。其中，地核主要由铁、镍等物质组成。地幔的成分与一种叫作"橄榄岩"的岩石成分很相似。它们在地下熔化后形成的物质便是岩浆。在地球上有三种地方较容易发生火山喷发喷出岩浆，即洋脊、岛弧（比如日本）、热点。

洋脊是存在于海底的巨大山脉。在洋脊附近，地下深处的地幔物质会因为地球内部的地幔对流[1]而变轻上升，接近海底时遇冷凝固为海底地壳。在洋脊下方几千米到10千米的深处，有一种储存岩浆的地方，叫作"岩浆房"。岩浆由此喷发涌出，又冷却凝固，覆盖在旧的洋脊上，新的洋脊便诞生了。

在洋脊处的大洋板块会发生移动，大洋板块富含岩浆与海水发生反应而产生的含有水分的矿物，堆积了大量含有水分的沉积物。大洋板块在碰撞到陆地板块发生下沉的时候，其中的水分会被挤出并上浮。其中的橄榄岩成分在遇到水之后，低温状态下也能熔化，所以会形成岩浆，慢慢在岩浆房堆积。

[1] 地球上，越靠近地核的地方温度越高，这个热量会被传递到地表。这种能量的传递是一种对流运动。地幔是固体的，在数亿年的时间长河中像液体一样地运动着。

岩浆会在积累到一定程度或受到压力时上升。在上升的过程中，岩浆所受的压力会减小，水和二氧化碳等挥发性的成分会从岩浆中分离，冒出气泡，变成气体。水在蒸发成水蒸气后，体积会扩大几百倍。被挤压在狭小空间中的岩浆的压力剧增，形成火山喷发。

一种叫作"地幔柱"的地幔物质上升流会出现于地表的热点，比如夏威夷等地。

● **洋脊处岩浆的产生**

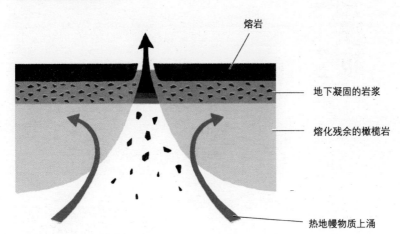

熔岩

地下凝固的岩浆

熔化残余的橄榄岩

热地幔物质上涌

日本列岛进入了地震活跃期！

为什么会发生地震？

日本的国土面积不到世界面积的 0.3%，但是全世界 10% 的地震都发生在日本。地震可分为以下两大种类型：

海沟型地震——在地表板块（岩板）的接合处，板块之间的移动模式是一个板块潜入另一板块的下面[1]。板块之间的移动会产生摩擦，引起板块上翘。板块为了恢复到原样而发生反弹，从而引发地震。

板缘地震——板块移动带来的频繁上翘，使得地下岩盘的裂缝（活断层）裂开而引发地震。这种地震也叫作直下型地震。

日本处在很多板块的交界处，这在世界上都是十分罕见的。因此，日本是个地震多发国。

夏威夷诸岛处于太平洋板块，每年都在往日本的方向移动。

● **海沟型地震的原理**

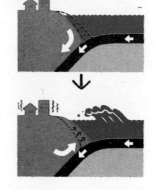

[1] 这种挤压很容易引发地震和火山喷发。媒体过去曾数次报道发生于日本平安时代的贞观大地震引发富士山喷发的现象。

划破天际的美丽闪电！为什么闪电是锯齿状的？

云层的上方囤积着正电荷，下方囤积着负电荷。在云层下方的负电荷的作用下，地表聚集了很多的正电荷，云层便会朝着地面放电[1]。这就是闪电。

空气原本很难导电。然而，如果云层和地表之间的电势差变大的话，就会形成电流。但是，因为空气难以导电，电流会循着相对容易传导的路径传送。所以，闪电的行迹通常是呈锯齿状的。

闪电出现的时候总是伴随有轰隆隆的打雷声，这是由于电热使空气迅速膨胀，引发了电流周围空气的剧烈振动。

有时云层中发生放电后，能看到云层在发光。

[1] 在云层之间也会发生放电。还有一种叫作"蓝色射流"的闪电，是从雷雨云向上延伸发出的细长的蓝色闪电。

海水盐分的浓度因所处位置和深度的不同而不同！为什么海水是咸的？

海水中溶有氯化钠等各种盐类。盐，是酸和碱进行中和反应产生的化合物。中和反应一般同时还会产生水。盐类中的氯化钠，我们称之为"食盐"，简称"盐"。

1千克的海水蒸发后，会留下35克左右的盐类。按成分来进行划分的话，氯化钠占了整体的80%，氯化镁约占10%，硫酸镁约占4%，硫酸钙约占4%不到，此外还有一些氯化钾和碳酸钙成分。

这些盐类都是陆地上各种岩石等矿物暴露在空气中风化后产生的。然后，它们随雨水进入河流，再由河流进入海洋。虽然还有很多盐类以外的其他物质被一起带入海洋，但是海水中盐类含量最高的原因在于它是一种化学性质较为稳定的物质。

盐类溶于海水之后，会长时间存留在海洋中。来自河流的微量盐分不断地累积，使海水变咸[1]。

河水将盐分带到海洋之后，它通过蒸发会再次回到陆地去运输盐分。这样海水好像会不断地变咸。但事实上，35亿年前生命诞生之初，海洋中的盐分浓度和现在相差无几。这是为什么呢？因为海洋中的盐分一直保持着一定的浓度，而非饱和状态。

这里，我们稍作一下内容拓展。位于以色列和约旦之间的死海盐分很高，人们什么都不做便可浮于海面。死海有七条河流汇入，但却没有水的出口。同时，

[1] 最近热门的话题"海洋深层水"是海水，是咸的。海洋深层水不能直接饮用，需要使用"反渗透膜"来去除盐分。

强烈的日照和稀少的降雨加剧了水分的蒸发，因此死海的盐分浓度便越来越高。即使每天汇入河水，但因为蒸发迅速，水面依然毫无上涨。

在南极大陆有一个不冻湖，它的盐分浓度是海洋的 6 倍之多，堪称全世界盐分浓度最高的湖。其盐分的主要成分是氯化钠。

● 海水中的盐类

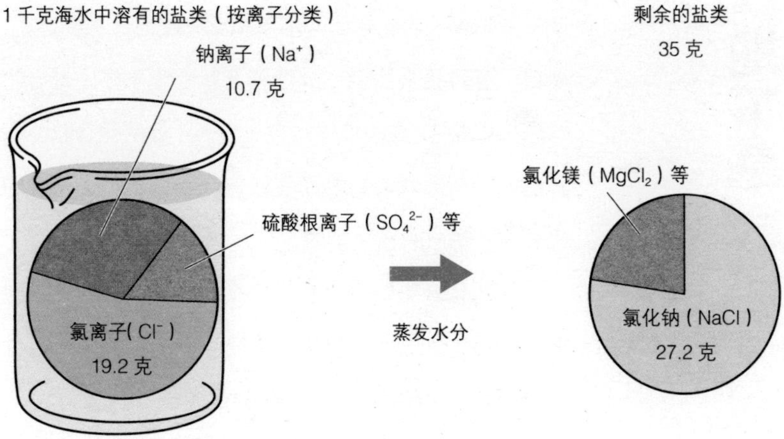

1 千克海水中溶有的盐类（按离子分类）

钠离子（Na^+）
10.7 克

氯离子（Cl^-）
19.2 克

硫酸根离子（SO_4^{2-}）等

蒸发水分

剩余的盐类
35 克

氯化镁（$MgCl_2$）等

氯化钠（$NaCl$）
27.2 克

地下堪称化学宝库?! 为什么石油会储藏在地下?

关于石油储藏在地下的原因有很多种说法，其中最有说服力的说法是"有机物成因说"。这种说法还被细分为三种，在此我们将介绍其中一种，即"成岩作用后期成因说"。目前，实际生活中的石油勘探都是根据这种说法来进行的。

首先，生物在死亡之后，构成生物身体的木质素、碳水化合物、蛋白质、脂质等高分子有机化合物会通过各种方式被运输走，堆积到海底和湖底。有一种说法认为这些物质就这样直接变成了石油。但是，成岩作用后期成因说的观点却有所不同。

高分子有机化合物不会直接变成石油，而是会被微生物分解。当化合物与水发生反应被进行水解之后，高分子有机化合物会变成糖和氨基酸等单体（聚合物的结构单位）。这些单体结合之后产生新的化合物，重新构成其他形式的高分子有机化合物，就是土壤中的胡敏素、胡敏酸和富里酸。

这些化合物结合之后发生反应，在经过脱氨、脱羧之后再发生还原反应等，变成结构更为复杂的高分子化合物。如此便形成了干酪根这种物质。

沉积物在不断地被埋藏之后，土壤温度开始升高，使得干酪根发生热裂化。其结果是，随着水和二氧化碳的产生，干酪根中产生了大量的液体状碳氢化合物。

其中，高分子的烃便是原油。

　　沉积物埋藏得更深一些，还会随着热裂化产生湿气（液体含量在 0.002% 以上的天然气）等。这些化合物继续被埋藏的话,最终会形成石墨、沼气等。

　　如此看来，地下真的是一个化学宝库。大自然将生物的尸体作为原材料，在漫长的时间长河中通过微生物的分解和土壤的沉积作用产出了原油这种产品[1]。

　　关于石油的成因除了"有机物成因说"之外，还有支持非生物条件下形成的"无机物成因说"。这种无机物成因说还可细分为"地球深部气体说"和"宇宙成因说"。

● **土壤中存在的有机物分类**

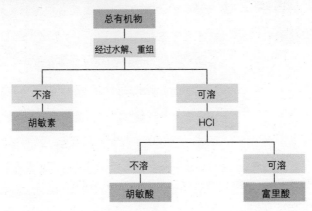

[1] 地下不仅有原油，同时还有天然气。因为气体比水轻，所以会上升、汇集、囤积在地下条件完备的地方。天然气中，停留在页岩层的可利用的气体叫作"页岩气"。

为什么火能燃烧？

人类与火已有一百万年的渊源！

如何解释物质燃烧的现象，长久以来都是化学界的一个难题。以至于古希腊哲学家亚里士多德提出的"在木头、油等物质中原本就存在着一种'火'元素，燃烧之后这种元素会变成火焰而释放出来"这一观点，一直影响着18世纪初的欧洲。

直到18世纪末期，这种观点才终于被颠覆。法国的化学家安托万－洛朗·德·拉瓦锡[1]做了一个实验，测量了物质燃烧所有阶段的质量，并发现燃烧后金属增加的质量与空气减少的质量是等同的。拉瓦锡认为，金属燃烧后质量变大是因为在燃烧的过程中"空气的一部分"与金属结合了。拉瓦锡将这个"空气的一部分"命名为氧，并指出"燃烧"这种现象不是从氧内释放火，而是缘于物质与氧的结合。

蜡烛能燃烧，产生火焰，实则是气体在燃烧。那么，像木炭燃烧时不产生火焰这种现象又是怎么回事呢？木炭是在不能换氧的炉子里制成的，制作过程中，木头中存在的可燃烧的气体会随着木头中的水分一起释放，使得木炭中没有气体可以使其产生火焰。因此，我们看到木炭燃烧的时候只泛红光，没有火焰。

物质在燃烧时释放的热和光，其实是原子在相互结合时产生的能量以热和光的形式被释放出来了。

大气中的氧含量为21%。只要氧含量再增加4%，

[1] 安托万－洛朗·德·拉瓦锡曾经从事负责征税的工作，因此遭到了广大市民的憎恨。法国大革命爆发后，他被送上了断头台。

便会使地球上的所有生物都被燃尽。幸好植物的存在有效地控制住了氧气浓度的上升。

我们的祖先学会了用火,使人类步入了文明,植物功不可没。虽说如此,但如果我们过度地燃烧东西,增加空气中的二氧化碳,使地球产生温室效应,地球便会变成金星那样,不再有植物生长。唉,这是多么"忘恩负义"的事情啊。

蜡烛燃烧会冒出火焰,是因为固体的蜡融化后变成液体,会露出灯芯,继续加热后液体的蜡会变成气体,这个气体能够燃烧产生火焰。

● 安托万－洛朗·德·拉瓦锡的实验

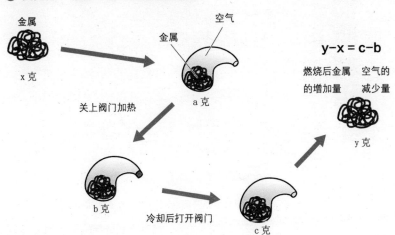

金属

x 克

关上阀门加热

b 克

冷却后打开阀门

c 克

空气

金属

a 克

$y-x = c-b$

燃烧后金属　空气的
的增加量　　减少量

y 克

为什么太阳会发光？

太阳光自古以来就被人们所利用！

太阳不停地往我们人类居住的地球上放射能量。人类自古便学会了用各种形式来利用太阳光，比如日晷计时、干燥物质和杀菌等。

太阳不像地球有岩石构成的地核，它由高温气体组成。太阳的质量是地球的33万倍。太阳的中心部温度极高，最高处可达16000000℃，即便是表面的光球部分也达到了6000℃。

太阳的中心部有丰富的氢原子核（质子）。所谓的质子，就是指构成原子核的粒子中带正电的粒子。太阳内部的质子相互融合发生反应（即核聚变），4个质子会产生1个氦原子核。1个氦原子核的质量比4个质子的质量小，这是因为在发生反应的时候，有一小部分的物质流失了。这部分物质转化为能量被释放出来，是太阳发光的能量之源。

核聚变反应产生的原子核能量从太阳的中心部释放，穿过太阳内部，需要花费100万年才能被传送到太阳表面的光球层。然后，以光的形式射向太阳周围的空间。现在我们所看到的太阳光，是早在100万年前在太阳中心部产生的。

强磁场覆盖了整个太阳表面，高温的等离子体被遮住之后温度下降，看上去变黑了，也就是黑子。根据太阳27天自转周期，地球上的云层量和雷电的变化也有 27 天的周期。

黑子的增减周期约为 11 年[1]（后相继发现了 22 年周期和 80 年周期）。太阳磁场的反转周期有 22 年、200 年、1000 年，甚至 1.4 亿年。（摘自《地球的变动有多少可以从宇宙中得到解释》）

太阳在距今大约 50 亿年前就出现了，那个时候地球等行星都还没有出现。据说再过 50 亿年太阳就会消亡。

● **核聚变反应**

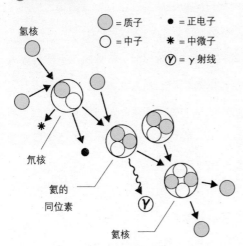

○ = 质子　　● = 正电子
○ = 中子　　✳ = 中微子
Ⓨ = γ 射线

氢核

✳
氕核

●

氢的
同位素

Ⓨ

氦核

6 个质子发生聚变会产生 2 个氢的同位素。然后，再产生氦核与 2 个中子。剩下的 4 个质子继续参与聚变并形成氦核。质子在变成中子的过程中，会释放正电子。但是，正电子又会与负电子结合而消失，并产生巨大的能量。

[1] 17 世纪至 18 世纪时太阳处于蒙德极小期，太阳黑子较少的状态持续了五六十年。在这个时期，气温下降，以北欧为中心的一带收成很不好。据说现在也可能出现蒙德极小期时的降温。另外，二氧化碳等正在引起地球温室效应。但是，这两者产生的机制完全不同。

为什么会产生极光？

有生之年非常想看一次极光！

太阳不仅会放射出光芒，还会释放离子化的气体和核聚变产生的射线等。这些气体和射线形成"太阳风"被送至地球周围。极光的诞生就与太阳风有关。

太阳内部有一种爆发现象，称为"耀斑"或者"耀发"。这是太阳活动中最为剧烈的一种现象。耀斑现象产生的同时会伴随各种高能现象，放射出大量的 X 射线，产生一种叫作太阳宇宙线的高能粒子，放出离子化的巨大气体形成的云团，抑或涌来激波。

因此，太阳风中含有射线。若这些射线就这样直接照射到地球上，那么地球上的大部分生命体都会因此而死亡。保护着这些生命体的，是地球周围的磁场。在地球等这些行星和卫星的表面有一圈磁场，这圈磁场也叫作"磁层"。

太阳风触及地球的磁层时，地球磁场迫使太阳风中的一部分带电粒子沿着磁力线集中到南北两极。当带电粒子进入极地的高层大气时，与大气中的原子和分子碰撞并激发，能量释放产生的光芒形成围绕着磁极的大圆圈，即极光[1]。

但是另一方面，太阳风包裹着地球在内的整个太阳系领域，能够将来自银河系的宇宙线反射回去。太阳活动衰微时，银河宇宙线也会更容易入侵地球的大气圈，使大气成分离子化，容易产生低层云团。

---

[1] 极光通常出现在南极和北极，所以被命名为极光。在低纬度国家如日本，当受到磁暴这种地磁干扰时也能看到极光，古时称之为"红光"。

　　强力入侵的银河宇宙线不仅会将来自太阳的光能反射回去，导致气温下降，还会刺激沉积的岩浆，促使火山喷发[1]。现在的日本，火山活动十分活跃，需要格外小心。

> 在火星和金星等行星上也能观测到极光。据说只要行星上有大气和固有的磁场便可以出现极光。

● 太阳风对地球的影响

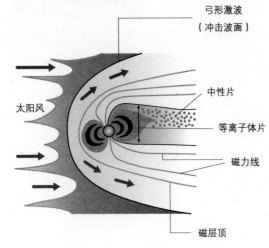

弓形激波
（冲击波面）

中性片

等离子体片

磁力线

太阳风

磁层顶

因太阳风的影响，地球的磁力线往背向太阳的一侧延伸，这其中有一片片状的区域聚集了较多的等离子体。同时，在地球附近还有一个范艾伦辐射带，聚集了等离子体状的高能粒子。

[1] 在太阳活动衰微的蒙德极小期，冰岛的拉基火山和日本的浅间山都发生了喷发，其"阳伞效应"造成的气温低下使得农作物歉收，据说这还是引起法国大革命的间接原因。

有一种蓝色是天空的颜色！
为什么天空是蓝色的？

看似透明的太阳光其实是由赤橙黄绿青蓝紫，所谓的"彩虹七色"的光构成的。

这七种颜色的光波长各不相同。比如，蓝光的波长最短，红光的波长最长。光的颜色越接近紫色，波长越短；越接近红色，波长越长。

为什么我们看到的天空是蓝色的？简单来讲，这是七种颜色的光中的蓝光最容易在空气中散射而造成的。太阳光会穿透地球大气层中的空气层照射到地面上。大气层中充满了氮气、氧气以及二氧化碳等的分子，这些分子会让光产生散射。而蓝光的波长相对更短，更容易被这些分子"捕获"再折射出去，发生散射。所以，蓝色的光线就会散射到整个天空中，使得天空看起来是蓝色的。

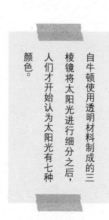

自牛顿使用透明材料制成的三棱镜将太阳光进行细分之后，人们才开始认为太阳光有七种颜色。

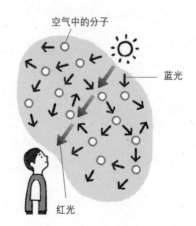

空气中的分子

蓝光

红光

红色的月亮看起来总觉得有些瘆人！

为什么有时候月亮看上去是红色的？

有时候，月亮看起来是红色的。这种现象看似是一种不祥的预兆，让人感到毛骨悚然。但其实出现这种现象的原理和天空呈现颜色的原理一样，都是光的颜色引起的。

因为红光的波长最长，所以红光不容易发生散射，可以一直照射到地面上。另外，因为蓝光很容易散射，所以大气层越厚的地方，蓝光越难穿透、照射进来。因此，我们在地面上便很难用肉眼看到蓝色的月亮。

整体上来看地球各处大气层的厚度都差不多，但如果我们是站在地球上来观测月球，那么因为观测角度的不同，大气层的厚度自然也就不同了。观测时的角度越小，所看到的月球光线需要穿过的大气层就越厚，也就是说，月光中的蓝光就越少，红光相对就越多。所以会让月亮看起来是红色的[1]。

月亮看起来很大只是人类肉眼的错觉，在相机中其实并非如此。

大气层

[1] 夕阳和朝阳会发出红光都是由于同一原理。